中国自主产权芯片技术与应用丛书

龙芯

嵌入式系统
软硬件平台设计

符意德 ———————— 著

U0216070

人民邮电出版社

北 京

图书在版编目（CIP）数据

龙芯嵌入式系统软硬件平台设计 / 符意德著. -- 北京 : 人民邮电出版社，2023.3
（中国自主产权芯片技术与应用丛书）
ISBN 978-7-115-60100-1

Ⅰ. ①龙… Ⅱ. ①符… Ⅲ. ①微处理器—系统设计
Ⅳ. ①TP332.2

中国版本图书馆CIP数据核字(2022)第180825号

内 容 提 要

嵌入式系统是一个面向应用、高度裁减的专用计算机系统。随着应用场景的不断丰富，嵌入式系统越发重要。龙芯1号是龙芯中科技术股份有限公司（简称龙芯中科）推出的低功耗、低成本专用微处理器芯片，其面向嵌入式专用应用领域。掌握嵌入式系统的软硬件平台设计，不仅是从业者的需求，也是龙芯中科构建自主创新生态体系不可或缺的一环。

本书第01章概要性地介绍嵌入式系统设计的特征，嵌入式系统的发展及应用、设计方法，并详细介绍了龙芯1B的开发工具。第02~04章介绍核心板、常用接口、人机接口这三大硬件平台。第05章和第06章分析嵌入式软件平台，包括汇编程及启动引导程序、操作系统移植及驱动设计。第07章通过一个综合示例，带领读者实践从需求分析到软硬件平台设计的全流程。

本书适合作为高等院校计算机、电子信息相关专业的教材，也可供从事嵌入式软硬件设计、开发的技术人员参考。

- ◆ 著　　　　符意德
  责任编辑　赵祥妮
  责任印制　陈　犇
- ◆ 人民邮电出版社出版发行　　北京市丰台区成寿寺路 11 号
  邮编　100164　　电子邮件　315@ptpress.com.cn
  网址　https://www.ptpress.com.cn
  涿州市京南印刷厂印刷
- ◆ 开本：787×1092　1/16
  印张：14.5　　　　　　　　　2023 年 3 月第 1 版
  字数：340 千字　　　　　　　2023 年 3 月河北第 1 次印刷

定价：79.90 元

读者服务热线：(010)81055410　印装质量热线：(010)81055316
反盗版热线：(010)81055315
广告经营许可证：京东市监广登字 20170147 号

序

收到符意德老师的《龙芯嵌入式系统软硬件平台设计》一书，心有两"感"，一是感激，二是感慨。

我 10 多年前进入龙芯中科，多年来奋战在一线，带领研发与市场人员为实现我国信息技术领域的自主化而努力，这让我深感推广自主技术的不易。在嵌入式领域，龙芯中科推出了数款芯片产品，覆盖了 MCU、SoC 不同的计算层级，在性能与功能上已经可以和国外处理器较量。但是受限于技术资料和软硬件参考设计的贫乏，国产处理器的技术生态建设还有很长的一段路要走。我们一直在推广和建设龙芯的技术生态，正因为不断有像符意德老师这样的开发者、内容贡献者的参与，龙芯处理器才能够不断进入新的领域并生根发芽。国产软硬件技术生态的枝繁叶茂要归功于我们的朋友圈不断扩展，因此，我对龙芯中科的好朋友——符意德老师充满感激。

中国的电子信息和计算机教学，关键在于两个融合——原理与实践的融合，软件与硬件的融合。而这两个融合，尤其是软件与硬件在教学上的融合，长期以来无法摆脱国外处理器构建的软硬件体系的影响。广大师生翘首以盼，在电子信息和计算机领域我国的自主技术能支撑高等院校的认知教学、原理教学、实验教学和软硬件协同教学，而本书的出版，让我们看到了自主技术产业应用和教学领域脱节问题得到解决的希望。

在"信创"向多行业、多领域推广的过程中，整个社会对支撑行业转型的人才提出了更高的要求。在之前，一位工程师精通一种处理器架构，甚至一款芯片的开发，就可以支撑多个项目的运行。但是随着行业应用对自主软硬件要求的逐渐深入，一位工程师可能会碰到多种国产处理器和国产操作系统的开发需求。这就要求工程师具有软硬件的迁移适配能力，而具备这种能力的前提是，工程师要掌握与处理器运行原理有关的核心技能，这样在他的眼中，虽然处理器架构在变，但是万变不离其宗。这就是所谓"可重构的开发能力"。因此，行业对人才需求的变化，也对培养人才的高等院校提出了更高的要求。

符意德老师的《龙芯嵌入式系统软硬件平台设计》一书，符合电子信息和计算机产业发展阶段社会对于掌握应用迁移能力的、软硬件协同贯通型人才培养的需求，也为嵌入式方向课程引入国产软硬件教学内容带来了新的思路。

《龙芯嵌入式系统软硬件平台设计》是一个很好的开始，我对未来我国自主技术支撑我们国家自己的人才培养体系充满信心。

杜安利

龙芯中科技术股份有限公司副总裁

2023 年 1 月

前 言

　　嵌入式系统是一种被广泛使用的计算平台，在工业控制、通信设备、医疗仪器、信息家电、军事装备等众多领域得到了广泛的应用。在国内许多院校中，"嵌入式系统"课程是计算机科学与技术、通信工程、网络安全、智能计算等相关专业的必修课程。目前，嵌入式系统硬件平台采用的微处理器种类很多，而"嵌入式系统"课程教材大多以 ARM 体系结构（一种精简指令集处理器架构）的硬件平台为背景来进行讲解，以我国自主研制的龙芯微处理器芯片为背景来进行讲解的教材较少。随着龙芯微处理器芯片的成熟及应用推广，系统地打造以龙芯微处理器芯片为背景的教材是非常有必要的，这可以帮助计算机科学与技术、通信工程、网络安全、智能计算等相关专业的学生掌握以龙芯微处理器芯片为核心的嵌入式系统的设计方法。想要完整地学习嵌入式系统的设计知识，需要进行多门课程的系统学习。本书重点讲解从事以龙芯微处理器芯片为核心的嵌入式系统平台设计工作的人员所必须掌握的基本知识。

　　嵌入式系统涉及的知识非常多，因此，对于初学者来说，结合自己的学习目标，找准学习嵌入式系统设计知识的切入点是非常必要的。狭义地说，学习嵌入式系统设计知识可以从两个不同的层面切入。第一个层面，对于将来只是应用嵌入式系统硬件平台、软件平台来进行二次开发的读者而言，应侧重提升基于某个嵌入式系统平台（包括硬件平台和软件平台）进行应用系统设计和开发的能力，即主要学习在某个嵌入式系统（如 RT-Thread）环境下的应用程序的编写、调试，学习其 API（应用程序接口）函数的使用，学习 I/O 部件的驱动程序编写等。第二个层面，对于将来想从事嵌入式系统平台设计工作，或者需要结合应用环境设计专用硬件平台的读者而言，需重点学习嵌入式系统体系结构及接口设计原理，即主要学习某个具有代表性的嵌入式微处理器（如龙芯 1 号系列）的内部寄存器结构、汇编指令系统、中断（异常）管理机制及常用的外围设备接口，同时要学习无操作系统下的编程技术，还需要学习启动程序的编写和操作系统移植等方面的知识。

本书是从嵌入式系统的平台构建角度来组织编写的，重点介绍了硬件平台和软件平台的构建方法。书中没有局限于某个具体的嵌入式微处理器芯片，而用了大量的篇幅来介绍其原理。但在介绍原理的同时，还列举了许多基于龙芯 1B 微处理器的设计示例，从而使原理、概念具体化。

在本书的写作中，卞岳良、王宁、王丽芳、符冠瑶给予了极大的支持与帮助，在此表示衷心的感谢。在本书的编写过程中，还得到了龙芯中科技术股份有限公司、苏州市天晟软件科技有限公司的支持及帮助，在此向他们表示感谢！

感谢本书责任编辑的支持及付出！

感谢家人给我的关心和支持！

嵌入式系统目前正处于快速发展的阶段，新的技术和应用成果不断地涌现，囿于笔者的水平，书中难免存在疏漏之处，希望广大读者批评指正。读者可将意见与发现的错误发送到邮箱 njfyd@mail.njust.edu.cn。

符意德

2022 年 12 月 31 日于紫金山麓

CONTENTS
目　录

CONTENTS
目　录

CONTENTS

目　录

CONTENTS
目 录

第01章

嵌入式系统简介

　　嵌入式系统（Embedded System）是一种计算平台，是与应用目标紧密结合的专用计算机系统。它被广泛地应用在各种智能仪器及设备中（如日常生活中使用的智能手机、数码相机、汽车导航仪等，工作中使用的数字式仪器仪表、一些生产设备中的控制器等），起监视、控制等作用。本章将回顾嵌入式系统的发展过程，描述嵌入式系统开发流程，并介绍一种嵌入式系统的开发工具LoongIDE。

1.1 嵌入式系统设计的特征

嵌入式系统本质上是计算机系统，其硬件的核心组成是微处理器、存储器、输入输出（I/O）端口。许多嵌入式系统设计中需考虑的问题也是计算机系统设计中需考虑的共性问题。但嵌入式系统在设计时，与通用个人计算机（Personal Computer，PC）相比，还具有许多特殊性。这是因为嵌入式系统通常与其所嵌入的设备紧密关联，并且其硬件资源有限。下面对嵌入式系统设计的特征进行介绍。

1.1.1 什么是嵌入式系统

什么是嵌入式系统呢？目前对嵌入式系统的定义主要有两种。

第一种定义是传统的定义：嵌入其他设备中，起智能控制作用的专用计算机系统。也可以说，它是任意包含可编程计算机的设备，但是这个设备不是作为通用个人计算机而设计的。一台通用个人计算机不能被称为嵌入式系统，尽管有时会把它嵌入某些设备中。而一台嵌入数控机床里的控制器可以算作嵌入式系统。

第二种定义是目前比较流行的：以应用为中心，以计算机技术为基础，并且软硬件可裁减、软件固化的专用计算机系统。例如：数码相机、GPS（Global Positioning System，全球定位系统）导航仪就体现了这种特点，因此它们能被称为嵌入式系统；而笔记本计算机没有体现这种特点，因此它不能被称为嵌入式系统。

无论采用哪种定义来描述嵌入式系统，可以确定的是，嵌入式系统本质上是计算机系统。它是计算机系统的一种体现形式，因为它的硬件由微处理器、存储器、I/O 部件组成，并且是由存储的指令来控制任务的执行，只不过它与应用目标紧密结合，硬件结构中的组成部件需要根据应用目标来定制，同时软件结构中的软件功能模块也需要定制。

我们可以把嵌入式系统的特征归纳如下。

（1）嵌入式系统与应用目标紧密结合，硬件组件需要定制（或称硬件裁减）。也就是说，设计者需要根据自己所设计的嵌入式系统的功能要求，自行设计硬件电路。除设计通用的电路，如微处理器与存储器的接口电路、时钟电路（或称晶振电路）、复位电路等之外，还需要设计一些专用部件的电路，如在设计、开发 GPS 导航仪时，设计者需要设计能够接收卫星定位信号的 GPS 模块的接口电路。

（2）嵌入式系统的软件组件也需要定制（或称软件裁减）。也就是说，设计者需要根据应用的功能要求，确定所设计的嵌入式系统是否需要操作系统作为软件平台，并设计专用的软件功能模块。通常情况下，如果嵌入式系统的应用软件可以设计成单任务形式，并且不需要具有图形化人机交互界面、以太网通信等复杂功能，那么设计应用软件时无须将操作系统作为软件平台。但如果嵌入式系统应用功能要求复杂，如需要处理多媒体信息、需要以太网通信功能等，那么其应用软件的开发通常需要基于某个操作系统（如 Linux）来进行，这样可以缩短嵌入式系统的开发周期。若需要将操作系统作为软件平台，设计者还需要结合所设计的硬件结构，完成操作系统的移植和裁减，使操作系统能在该硬件环境下有效地运行。

（3）嵌入式系统的所有软件组件均需要存储在非易失性存储器中。把运行代码写入非易失性存储器中的过程叫作"软件固化"，这样可保证程序代码及数据在嵌入式系统断电以后不会丢失，从而保证嵌入式系统再次开机时能够正常运行。由于嵌入式系统中通常不用磁盘，而采用存储器作为系统的程序代码及数据的存储介质，因此嵌入式系统中软件固化是必需的。

（4）相对于通用个人计算机来说，嵌入式系统的硬件、软件资源受限。因为嵌入式系统通常对某些非功能性指标，如成本、体积、功耗等，有比较严格的要求，甚至到了苛求的地步，所以嵌入式系统的硬件、软件资源通常只要能满足应用需求即可，而没有更多的冗余。

由于与通用个人计算机比较而言，嵌入式系统有上述的几点特征，因此，嵌入式系统的设计、开发方法与通用个人计算机的应用系统的设计、开发方法相比，有以下几点不同。

（1）需要软硬件一体的设计理念。在嵌入式系统设计阶段，设计者需要根据应用功能需求，结合成本、体积、功耗等非功能性需求，综合考虑哪些功能由硬件完成、哪些功能由软件完成，并在开发实施阶段，根据硬件结构的具体情况，设计适用于该硬件结构的软件。

（2）需要系统软件与应用软件融合设计。系统软件通常是指管理及控制系统资源的软件，而应用软件是指具体实现用户所需功能的软件。嵌入式系统设计时，设计者往往需要完成系统软件和应用软件两部分的设计工作。例如：若嵌入式系统无操作系统，那么设计者除了要设计应用软件外，还要设计监控、管理硬件资源的软件，这两部分软件的代码通常融合在一个循环结构中；若嵌入式系统需要操作系统，那么设计者即使不设计操作系统，也需要完成操作系统的移植和裁减，并在完成应用软件的设计时，完成一些非标准的硬件接口驱动程序设计。

（3）需要建立交叉开发环境。嵌入式系统由于受到资源的限制，通常软件的开发环境与运行环境是不同的。也就是说，嵌入式系统开发时，需要借助通用个人计算机（称为宿主机）来完成嵌入式系统的软件编辑、编译、链接等工作，生成可执行文件；而运行时，必须把可执行文件下载到嵌入式系统（称为目标机）上，在宿主机上是不能直接运行的。这种宿主机-目标机的开发架构被称为交叉开发环境。

综上所述，嵌入式系统的设计与通用个人计算机应用系统设计的主要差别体现在设计手段和设计者需具备的技能上。嵌入式系统的设计者更需具备软硬件一体的综合设计技能。

1.1.2　嵌入式系统的设计要求

嵌入式计算技术所面临的挑战源于基础技术的迅猛发展及用户需求的不断增加。在设计中，系统的功能对于通用个人计算机系统和嵌入式系统来说都是非常重要的。但是，与通用个人计算机系统的设计相比，嵌入式系统的设计有许多特殊的要求，主要体现在以下几方面。

（1）实时性。许多嵌入式系统需要在实时情况下工作。如果数据或控制信息在某个时限内不能到达，系统将会出现错误。在某些嵌入式系统中，实时性得不到满足是不能接受的，超过时限会引发危险甚至对个人造成伤害。如高速列车控制器，控制信息超时会引起列车运行故障，甚至翻车。而在某些嵌入式系统中，超过时限虽然不会引发危险，但会导致一些不愉快的结果。如打印机在打印时，若控制信息的响应超时，就会使打印机产生混乱。

（2）多速率。许多嵌入式系统不仅有实时性要求，而且需同时运行多个实时任务，系统必须同时控制这些任务，虽然这些任务有些处理得慢，有些处理得快。多媒体应用系统就是多速率的典型例子，多媒体数据流的音频和视频部分以不同的速率播放，但是它们必须保持同步。若音频数据或视频数据不能在有限时间内准备好，就会影响整体播放效果。

（3）功耗。功耗在通用个人计算机系统中不是一个需要主要考虑的因素，但在嵌入式系统中，尤其是在用电池供电的嵌入式系统中则是。大功耗会加大硬件使用开销，影响电源寿命并带来散热问题。

（4）低成本。多数情况下，我们都希望嵌入式系统是低成本的。制造成本由许多因素决定，其中包含硬件成本和软件成本。硬件成本主要取决于所使用的微处理器、所需的内存及相应的外围芯片；软件成本通常难以预测，但一种好的设计方法有利于降低软件成本。

（5）环境相关性。嵌入式系统不是独立的，而是与被嵌入的设备紧密关联的。因此，设计嵌入式系统时，必须考虑模拟量信号、数字量信号及开关量信号的输入输出，系统抗干扰性，温度和湿度等。

1.1.3 嵌入式系统设计需考虑的问题

外部约束是设计嵌入式系统遇到的较大的困难。下面列出嵌入式系统设计过程中需考虑的一些主要问题。

（1）需要多少硬件。我们在设计嵌入式系统时不仅需考虑选择何种微处理器，还需考虑存储器容量、I/O 设备及其他外围电路。要在满足系统性能要求的前提下，满足系统经济性要求：系统硬件太少，将不能满足性能要求；硬件太多，又会使产品变得过于昂贵，并降低可靠性。

（2）如何满足实时性要求。通过提高微处理器速度来使程序运行的速度加快，从而解决实时性问题的方法是不可取的，因为这是以增加系统成本投入为前提的。同时，仅仅提高微处理器的速度有时并不能提高程序运行速度，因为程序运行速度还受存储器工作速度的限制。因此应精确设计程序以满足实时性要求。

（3）如何降低系统的功耗。对于用电池供电的嵌入式系统而言，功耗是一个十分重要的考虑因素；对于不用电池供电的嵌入式系统而言，高功耗会带来高散热量。降低嵌入式系统功耗的一种方法就是降低它的运算速度。但是单纯降低运算速度会导致系统不满足实时性要求。应认真设计嵌入式系统，以便通过降低系统非关键部分的速度来降低系统功耗，同时满足系统的实时性要求。

（4）如何保证系统可升级。系统的硬件平台可能使用在不同代的产品中，或者使用在同一代但不同级别的产品中，且仅需做一些简单的改变。我们希望通过修改软件来改变系统的功能。如何才能设计一种硬件平台使它能够提供未来程序需要的功能呢？

（5）系统调试复杂。调试嵌入式系统比调试通用个人计算机上的程序困难得多。我们通常需运行整台设备以产生测试数据，而数据产生的时间往往是非常重要的。也就是说，不能离开嵌入式系统运行的整个环境来测试嵌入式系统。另外，嵌入式系统有时没有配备键盘和显示器，这导致我们不能了解系统的运行情况，也不能干预系统的运行，从而导致难以测试嵌入式系统。

（6）开发环境受限。嵌入式系统可用的开发环境（用于开发硬件、软件的工具）比通用个人计算机上的少。我们通常在通用个人计算机上将程序代码编译成机器码，然后将编译好的机器码下载到嵌入式系统中。为了调试这些代码，通常必须依靠运行在通用个人计算机上的程序来观察嵌入式系统的运行情况。

1.2 嵌入式系统的发展及应用

嵌入式系统是伴随着计算机理论及技术的发展而发展的。早在 20 世纪 70 年代初，随着微处理器的诞生，"个人计算时代"到来，就出现了嵌入式系统，只是那时的嵌入式系统的应用局限在工业控制和一些数字式仪器仪表中。那时计算机的体现形式主要是通用个人计算机，而不是嵌入式系统。但是到了 21 世纪初，随着普适计算（Ubiquitous Computing，又称泛在计算）理论的出现，伴随着智能手机等各种应用产品的涌现，嵌入式系统改变了以通用个人计算机为主的计算模式，使计算无处不在。嵌入式系统成为当代计算机的主要体现形式。

1.2.1　嵌入式系统硬件发展阶段

嵌入式系统硬件平台的核心部件是各种类型的嵌入式微处理器。在嵌入式系统的发展过程中，每个发展阶段均有一些微处理器作为主流芯片被大量使用。但是，没有哪一种微处理器处于绝对的垄断地位，这一点与通用个人计算机是不同的，这是因为嵌入式系统的应用需求多种多样，硬件平台很难统一。在国内，以下几种出现过的主流嵌入式微处理器，被大量用在相应各阶段的嵌入式系统上。

1. Intel 8080、MC6800、Z80 等

Intel 8080 是 Intel（英特尔）公司于 1974 年推出的微处理器，MC6800 是 Motorola（摩托罗拉）公司于 1974 年推出的微处理器，Z80 是美国 Zilog 公司于 1976 年推出的微处理器。这些微处理器的数据位均是 8 位（bit），可直接寻址的存储器容量通常为 64KB。

上述 3 种微处理器，在微处理器诞生的早期阶段（20 世纪 70 年代中期~20 世纪 90 年代初期），被广泛地用在了企业生产过程及其设备的控制中，那时嵌入式系统的产品形式主要是控制器，是嵌入其他设备中起控制作用的专用计算机，如数控机床的控制器、数字式温控器等。

由于这个阶段的微处理器内部一般没有集成特定功能的部件，如定时器部件、UART（Universal Asynchronous Receiver/Transmitter，通用异步接收发送设备）部件、A/D（模 / 数）转换部件等，因此嵌入式系统硬件平台需要外加具有专用功能的芯片来完成这些功能，并且外围的其他组合逻辑电路及时序逻辑电路通常采用 74 系列的芯片来完成设计。

2. MCS-51 系列单片机

MCS-51 系列单片机是 Intel 公司生产的一系列 8 位数据宽度的微处理器的统称，由于这些微

处理器中集成了存储器以及许多专用功能部件，如定时器部件、UART 部件、A/D 转换部件等，因此把它们称为单片机。与上面的 Z80、Intel 8080 等微处理器不同的是，它们有时被称为嵌入式微控制单元。这一系列微处理器包括许多品种，如 8031、8051、8052、8055 等。

自 20 世纪 80 年代 Intel 公司推出 MCS-51 系列单片机以来，该系列的微处理器迅速在嵌入式系统中得到广泛的应用，并逐步取代了 Z80 等微处理器，在工业控制器及智能仪器仪表等产品的硬件平台中成为主流。在我们的日常生活中，也涌现了许多以 MCS-51 系列单片机为核心的嵌入式系统产品，如用于公交车、食堂等场合的 IC（Integrated Circuit，集成电路）读卡器，用于小区、办公区等场合的门禁系统，等等。目前，MCS-51 系列的微处理器仍然在许多嵌入式系统的产品中得到应用。

为了满足更高的计算要求，Intel 公司还推出了 MCS-96 系列单片机。这一系列的微处理器的数据宽度是 16 位，具有 16 位数据乘以 16 位数据的乘法指令，以及 32 位数据除以 16 位数据的除法指令。

3. DSP 微处理器

DSP（Digital Signal Processor，数字信号处理器）微处理器是一系列适合完成数字信号处理工作的微处理器的统称。所谓数字信号处理，指的是信号（如音频信号、视频信号）经过 A/D 转换后的后续处理，主要有数字滤波、编码 / 解码等。这些信号处理工作涉及大量的乘法、加法运算。例如：进行数字滤波处理时，需要涉及卷积运算；进行编码 / 解码处理时，需要涉及傅里叶变换和傅里叶逆变换等；而卷积运算、快速傅里叶变换等算法均是采用多次相乘并累加来完成的。若采用普通的微处理器处理这些运算，需要执行的指令非常多（即通常需要采用多重循环结构来编程实现），效率很低。DSP 微处理器具有专门的指令处理这些运算，效率要高得多。因此，DSP 微处理器在需要进行信号处理的场合得到了广泛使用，如数码相机、VoIP（Voice over IP，互联网电话）机、机器人控制等领域。

目前，在国内，使用得最多的 DSP 微处理器是 TI 公司推出的 TMS320 系列的 DSP 微处理器。TI 公司在 1982 年推出了首款 DSP 微处理器 TMS32010，之后又推出了多种型号的 DSP 微处理器，以满足不同应用场合的需求。目前，TI 公司的 DSP 微处理器主要有三大系列，具体如下。

● TMS320C2000 系列的 DSP 微处理器。该系列的 DSP 微处理器适合应用在数字控制、运动控制的场合，主要的型号有 TMS320C24×/F24×、TMS320LC240×/LF240×、TMS320C24×A/LF240×A、TMS320C28×× 等。

● TMS320C5000 系列的 DSP 微处理器。该系列的 DSP 微处理器适合应用在手持设备、无线终端设备等功耗低的设备中，主要的型号有 TMS320C54×、TMS320C54××、TMS320C55× 等。

● TMS320C6000 系列的 DSP 微处理器。该系列的 DSP 微处理器适合应用在高性能、多功能、复杂的应用领域，主要的型号有 TMS320C62××、TMS320C64××、TMS320C67×× 等。

除了 TI 公司的 DSP 微处理器外，目前国内使用的 DSP 微处理器还有 ADI 公司、Motorola 公司、Agere System 公司等生产的 DSP 微处理器。

4. ARM 系列微处理器

ARM 系列微处理器也是一类微处理器的统称，它是指以 ARM 公司微处理器核为中心、集成了许多外围专用功能部件的芯片，如三星公司的 S3C2440、Atmel 公司的 AT91SAM9260、Intel 公司的 PXA270 等。目前，主流的 ARM 系列微处理器的数据宽度为 32 位，主频为几百兆赫兹。它们在许多嵌入式系统中得到广泛应用，如智能手机、PDA（Personal Digital Assistant，个人数字助理）、GPS 导航仪等。

由于嵌入式系统的应用目标是多种多样的，ARM 公司为满足这些多样性的要求，开发出了多种不同架构的微处理器核。因此，ARM 系列微处理器根据其微处理器核的架构，又分成许多子系列。目前的子系列主要有 ARM9 系列、ARM9E 系列、ARM10 系列、ARM11 系列、Cortex 系列、XScale 系列等。并且，ARM 公司通过 ARM 架构授权、IP 核授权或应用级授权，使 ARM 微处理器核被集成到许多智能移动芯片中，如高通公司的骁龙 835 芯片，其内部就集成了 Cortex-A 架构的微处理器核。

5. SOPC

SOPC（System on a Programmable Chip，可编程片上系统）是一种新的计算机体现形式。它可以在一块 FPGA（Field Programmable Gate Array，现场可编程门阵列）芯片中，通过软硬件协同设计技术来实现整个计算机应用系统的主要功能。它是嵌入式系统的一种特殊形式，也是嵌入式系统的一个发展方向。

SOPC 的实现需要基于超大集成规模的 FPGA 芯片。通常，这个 FPGA 芯片上需要集成至少一个微处理器核（硬核或者软核）、片上总线、片内存储器以及大量的可编程逻辑阵列等。

SOPC 上的微处理器核有硬核和软核两种。所谓硬核是指微处理器核由一个专门的硅片实现，也就是说，由 FPGA 芯片中的一组专用的硬件电路实现。例如：Xilinx 公司推出的 Zynq-7000 系列芯片，内部集成了两个 ARM 的 Cortex-A9 微处理器硬核；Altera 公司推出的 Excalibur 系列芯片，内部集成了一个 ARM920T 微处理器硬核。而所谓软核是指 SOPC 通过硬件描述语言（如 Verilog）或者网表描述，利用 FPGA 芯片中的可编程逻辑部件实现的微处理器核。Nios Ⅱ 就是一个典型的微处理器软核。

Nios Ⅱ 是 Altera 公司于 2004 年推出的 32 位微处理器软核，具体包括 3 种软核：Nios Ⅱ/f（一种当时实现了最佳性能优化的软核，需要中等的 FPGA 逻辑资源使用量）、Nios Ⅱ/s（一种标准需求的软核，需要较少的 FPGA 逻辑资源使用量）、Nios Ⅱ/e（一种经济的软核，需要最少的 FPGA 逻辑资源使用量）。采用 Quartus Ⅱ 集成开发环境就可以方便地在 FPGA 芯片中构建 Nios Ⅱ 系统，以便支持 SOPC 的设计。

目前，国内使用的 FPGA 芯片主要是由 Xilinx 公司和 Altera 公司提供的。另外，Actel 公司、Lattice 公司、Atmel 公司等提供的 FPGA 芯片在我国也有一些特定的行业选择使用。

开发基于 SOPC 的嵌入式系统，需要软硬件协同的综合设计。若嵌入式系统的应用功能需要用软件实现，则需要采用能支持 C 语言、C++ 语言开发的软件工具，利用 C 语言或 C++ 语言等进行编程，设计完成该功能的软件代码。而若应用功能需要用硬件实现，则需要采用 Verilog 语言或 VHDL（VHSIC Hardware Description Language，VHSIC 硬件描述语言）来完成硬件逻辑电路的设计。并且软硬件的功能可以融合在一起，在一块 FPGA 芯片上实现。

前文大概介绍了嵌入式系统的硬件平台发展过程。在不同的硬件发展阶段，我国的嵌入式系统产品广泛地使用了若干种嵌入式微处理器。如今这些微处理器有些已经被淘汰了，不再使用，如 Z80、Intel 8080、MC6800 等，有些还在继续使用。目前，基于 ARM+FPGA 的嵌入式系统结构在嵌入式系统产品开发中得到了广泛的使用，但也不具备垄断地位，其他嵌入式微处理器也在一些领域得到应用，如 MCS-51 系列、DSP 系列以及 MIPS 系列、PowerPC 系列等。

目前，国产的龙芯微处理器在国内的许多领域得到应用。龙芯微处理器至今主要有三大系列产品——龙芯 1 号、龙芯 2 号、龙芯 3 号。其中龙芯 1 号又有龙芯 1A、龙芯 1B、龙芯 1C、龙芯 1E 等子系列，它们面向嵌入式系统，主要被应用在智能仪器仪表、工业控制等领域。

1.2.2 嵌入式系统软件平台

硬件平台是嵌入式系统的基础，而软件平台是嵌入式系统的"灵魂"。早期的嵌入式系统由于应用需求简单，如整个系统的软件设计成单任务形式、采用 LED（Light Emitting Diode，发光二极管）或 LCD（Liquid Crystal Display，液晶显示器）显示、用 RS-485 总线进行联网等，因此设计者往往不需要基于某个操作系统来进行嵌入式系统软件开发，而把嵌入式系统的应用功能程序、硬件平台中各部件电路的驱动程序以及存储单元的分配等融合在一个大的循环结构中实现。也就是说，对于应用需求简单的嵌入式系统，整个系统的软件均由设计者自行设计完成，不需要操作系统作为软件平台。

但是随着人们对嵌入式系统的需求越来越复杂，如需要嵌入式系统具有图形化的显示、需要与互联网（Internet）联网、需要处理多媒体信息等，并且嵌入式系统的硬件结构也越来越复杂，这时设计者往往需要基于某个操作系统来进行嵌入式系统软件开发，以便减少工作量，从而提高系统开发效率。设计者一般通过移植一个适用于该应用需求的嵌入式操作系统作为软件平台，然后基于该软件平台来开发应用程序。应用程序控制着嵌入式系统的动作和行为，也就是完成应用功能；而操作系统控制及管理着嵌入式系统的硬件资源，并提供标准硬件资源操作的接口函数（即 API 函数），如图形显示的 API 函数、TCP/IP 的 API 函数等，应用程序借助嵌入式操作系统完成与硬件的交互。

目前，在嵌入式系统中使用的操作系统有许多种，且没有哪一种嵌入式操作系统具有垄断地位，这一点与通用个人计算机中使用的操作系统有所不同。但无论采用哪一种嵌入式操作系统作为软件平台，嵌入式系统的软件都具有以下共同特点。

（1）所有软件代码均固化存储。所谓软件代码固化存储，是指系统程序代码（即操作系统等软件代码）和应用程序代码均需要烧写到非易失性存储器中，如 Flash 芯片，而不是存储在磁盘等载体中。这主要是因为嵌入式系统通常不用磁盘等存储介质，从而提高软件执行速度和系统可靠性。

（2）软件代码要求具有高效率、高可靠性。尽管半导体技术的发展使嵌入式微处理器的处理速度不断提高、存储器容量不断增加，但在大多数应用中，存储空间仍然是宝贵的，还存在实时性的要求。为此要求程序编写和编译工具的效率应较高，以减少程序二进制代码长度，提高运行速度。较短的代码也可提高系统的可靠性。

（3）系统软件有较高的实时性要求。在多任务嵌入式系统中，对重要性各不相同的任务进行统筹兼顾的合理调度是保证每个任务及时执行的关键，单纯提高嵌入式微处理器速度通常是无法完成或没有效率的，这种任务调度只能由优化编写的系统软件来完成。因此对于许多嵌入式系统而言，其软件的实时性是基本要求。

可以说，嵌入式系统的软件平台是随着越来越复杂的嵌入式系统应用需求发展起来的。虽然从20 世纪 80 年代起，国际上就有一些 IT 组织和公司开始进行商用嵌入式操作系统的研发，但直到21 世纪初，嵌入式操作系统在嵌入式系统的开发中才得到广泛的应用，并在开发中起到关键的作用。

在国内，比较流行的嵌入式操作系统有以下 4 种。

1. μC/OS-Ⅲ

让·拉布罗斯（Jean J. Labrosse）于 1992 年完成 μC/OS（Micro Controller Operating System，微控制器操作系统）的设计，并于 1998 年推出了 μC/OS-Ⅱ（2000 年得到了美国联邦航空管理局的认证，可以在飞行器中使用，足见其安全性高）；2009 年则推出了 μC/OS-Ⅲ。

μC/OS-Ⅲ是在 μC/OS-Ⅱ基础上推出的新版本，是一个可移植、可裁减的实时多任务内核，其源代码是公开的，非常适用于具有实时性要求的嵌入式系统。目前，μC/OS-Ⅲ被广泛用在以各类MCU 或 DSP 为核心开发的嵌入式系统中，如工业控制上的控制器、医疗设备、飞行器控制器、路由器等。

为了满足移植的要求，μC/OS-Ⅲ绝大部分的代码用 ANSI（American National Standards Institute，美国国家标准学会）的 C 语言编写，包含一小部分汇编语言代码，其源代码文件下载的官网地址是 https://www.micrium.com/。在进行 μC/OS-Ⅲ移植时，设计者需根据自己开发的嵌入式系统硬件平台的具体情况，来修改与硬件相关的文件中的源代码，使其适合在此硬件平台上运行。

需要指出的是，μC/OS-Ⅲ实际上是一个实时操作系统内核，它为设计者提供了一组 C 语言函数库。也就是说，为基于它开发应用程序的设计者提供了任务创建、消息发送、消息响应等内核功能函数，并附带文件系统，以及图形界面、TCP/IP 协议栈等标准 I/O 部件的 API 函数。而对于非标准的 I/O 部件，设计者在开发应用程序时需自己设计相关驱动程序。

2. Linux

Linux 也是一种内核源代码开放的操作系统。严格地说，Linux 一词本身只表示 Linux 内核，但在实际中，人们通常用 Linux 一词来泛指一种操作系统。这种操作系统是基于 Linux 内核的，并且使用 GNU（一种自由软件操作系统）的各种工具软件来完成其上的应用程序开发，即完成应用程序的编译、链接、调试等开发工作。

　　林纳斯·贝内迪克特·托瓦兹（Linus Benedict Torvalds，又译为莱纳斯·贝内迪克特·托瓦尔兹）于 1991 年 10 月 5 日正式对外推出 Linux 内核的第一个版本——Linux 0.02。之后借助互联网，在世界各地计算机自由软件爱好者的共同努力下，Linux 内核得到了不断的改进和完善，相继推出了 Linux 内核的其他版本。2003 年，Linux 2.6 正式发布，至今，该版本的内核源代码还是许多嵌入式系统开发者进行软件平台构建（即 Linux 移植）的蓝本。

　　Linux 自诞生以来，其内核就没有停止过修改和升级，不同时期的内核版本格式也有所不同。在国内使用时间最长的版本是 2003 年发布的 Linux 2.6，该内核版本的格式是 Linux m.n.x，其中，m 表示主版本号，n 表示次版本号，x 表示该版本错误修补的次数。2021 年，Linux 内核发布了 5.14 版本。Linux 内核的稳定版本源代码可以通过其官方网站来获得。

　　Linux 操作系统无论是在通用个人计算机上，还是在嵌入式系统中均得到了使用。在通用个人计算机上使用的 Linux 操作系统通常被称为桌面 Linux 系统，在国内，比较知名的商用桌面 Linux 系统有 Red Hat 公司的 Red Hat Linux、Fedora、中国科学院的红旗 Linux、麒麟软件的银河麒麟、统信软件的统信 UOS 等。

　　在嵌入式系统环境中运行的 Linux，通常被称为嵌入式 Linux。在通用个人计算机上，微软公司的 Windows 操作系统占据了领先地位，Linux 要打破这个局面是非常困难的。嵌入式系统是 Linux 的重要应用场合，尤其是在智能手机、平板计算机、PDA、GPS 导航仪等嵌入式系统产品中。由于 Linux 内核源代码开放，无版权使用费用，因此在这些产品中 Linux 可作为软件平台，来缩短和减少这些产品的开发周期与费用。可以说，Linux 是嵌入式系统最重要的软件平台之一，但嵌入式系统也成就了 Linux。

　　目前，市场上基于 Linux 开源内核而开发出的嵌入式 Linux 操作系统有很多，如美国风河（Wind River）公司的商用嵌入式 Linux、诺基亚公司和 Intel 公司共同推出的 MeeGo 操作系统、Google 公司推出的 Android（安卓）操作系统等。其中，Android 操作系统是目前国内非常流行的基于 Linux 内核的嵌入式操作系统，它被广泛地用在便携式设备上。

　　Android 操作系统最初由安迪·鲁宾（Andy Rubin）开发，主要支持智能手机的应用。2005 年，Google 公司收购注资，并组建开放手机联盟进行修改补充；2007 年 11 月 5 日正式对外展示；2008 年 9 月正式发布 Android 1.0，这是 Android 操作系统最早的版本。从此，Android 作为智能手机的开源操作系统逐渐流行起来，并逐渐推广到了平板计算机及其他便携式设备上。Android 实际上不仅是一种操作系统，它还包含用户界面、中间件以及一些应用程序，如 SMS（Short Message Service，短消息服务）程序、日历时钟、地图、浏览器等。

　　作为软件平台，Android 提供了丰富的系统运行库，以供设计者开发 Android 应用程序时调用，并且提供了应用程序框架，便于设计者发布其所设计的功能模块。同时，通过应用程序框架，设计者可以使用系统核心应用软件的 API 函数以及其他设计者发布的功能模块。需要指出的是，Android 的应用程序开发工具不再是 GNU 工具，而是 Eclipse 集成开发环境以及相关的 SDK（Software Development Kit，软件开发工具包），这一点与传统的 Linux 应用程序开发有所不同。Eclipse 集成开发环境可以到其官方网站上下载，SDK 也可到 Android 相关网站下载。

无论采用哪种嵌入式 Linux 作为软件平台，设计者的重要工作都是基于 Linux 内核的某个版本进行移植、裁减，使之适合其需要运行的嵌入式系统硬件平台。本书介绍的内容正是做这个工作的重要基础。

3. VxWorks

VxWorks 是美国风河公司于 1983 年推出的一种嵌入式实时操作系统，它具有高可靠性、高实时性，被广泛地用在航空、航天、通信等领域。例如，2008 年 5 月登陆火星的凤凰号火星探测器和 2012 年 8 月登陆火星的好奇号火星探测器等都使用了 VxWorks 作为其软件平台。

VxWorks 内核的多任务调度功能采用了优先级抢占方式，并支持同优先级任务间的时间片分时调度，这样可保证紧急的处理任务得到及时的执行。VxWorks 除了提供基本的内核功能外，还提供与 ANSI C 兼容的 I/O 部件的驱动函数，这些驱动函数主要有键盘驱动、显示驱动、网络驱动、RAM（Random Access Memory，随机存取存储器）盘驱动等，并提供多种文件系统。

为了适应嵌入式系统硬件平台的多样性，用于嵌入式环境中的操作系统均需要有很好的可移植性。VxWorks 的 BSP（Board Support Package，板级支持包）提供了移植 VxWorks 操作系统的基础，它是操作系统上层功能程序与目标硬件平台的软件接口。换句话说，嵌入式系统设计者若需要在其设计的目标硬件平台上运行 VxWorks 操作系统，就需要修改 BSP，使其适合运行在该目标硬件平台上。

VxWorks 的 BSP 的主要功能包括硬件平台初始化和标准 I/O 部件的驱动加载，通常完成的功能如下。

（1）目标系统上电后的硬件平台初始化，具体完成的操作是：

● 异常向量表的处理；

● 禁止中断及看门狗部件（若有看门狗部件）；

● 堆栈指针设置；

● 初始化存储器的控制器；

● 载入 VxWorks 段代码到 RAM 中；

● 引导 VxWorks 的内核。

（2）为 VxWorks 操作系统提供必要的硬件访问驱动函数，通常包括：

● ISR（Interrupt Service Processing，中断服务处理）函数；

● 定时器驱动函数；

● 串口驱动函数；

● Flash 存储器驱动函数；

● LCD 接口驱动函数。

基于 VxWorks 操作系统的开发，早期所使用的开发环境是 Tarnado 集成开发环境，目前多采用 Workbench 集成开发环境。

4. RT-Thread

RT-Thread 是一种实时操作系统，其内核源代码是开源的。它诞生于 2006 年，RT-Thread 1.0.0 于 2012 年 1 月发布，RT-Thread 2.0.0 于 2014 年 8 月发布，RT-Thread 3.0.3 于 2018 年 3 月发布。目前，RT-Thread 操作系统广泛地应用在物联网领域。

RT-Thread 操作系统包含内核、组件及服务等，其架构如图 1-1 所示。内核层是 RT-Thread 操作系统的核心部分，具有多线程管理及调度功能，包括信号量、消息队列、邮箱等，以及内存管理、时钟管理、中断管理等。组件及服务层在内核层之上，通常与硬件细节无关，该层包括虚拟文件系统、网络协议栈、命令行界面等。

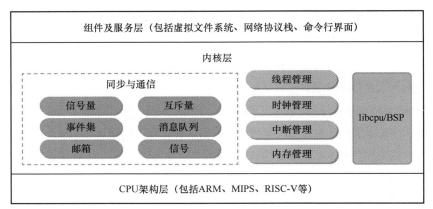

图 1-1　RT-Thread 操作系统架构

1.2.3　嵌入式系统应用领域

嵌入式系统的应用领域可以大致分成以下几个。

1. 工业控制

工业控制领域是嵌入式系统的传统应用领域，也是当前嵌入式系统应用中最典型、最广泛的领域之一。工业生产中的许多数字化生产设备、检测设备或检测仪器仪表、生产流水线的控制器等，都是典型的嵌入式系统产品。这个领域中的嵌入式系统应用复杂度高，既有满足相对简单应用需求的设备控制器，也有满足复杂应用需求的设备控制器（如基于嵌入式 Web 的可远程操控的设备控制器等）。

工业控制领域若按行业细分，又可以分成许多不同行业的应用领域，下面列举几个比较典型的工业生产行业应用。

（1）机械零件或整机生产行业中的自动化生产设备，如图 1-2（a）所示。该行业中的数控机床、装配机器人、焊接机器人等都是典型的嵌入式系统产品。

（2）过程化生产行业中的过程控制设备，如化工生产过程控制设备、制药生产过程控制设备、自来水生产过程控制设备等，如图 1-2（b）所示。

（3）电力生产及智能电网控制与检测设备，如图 1-2（c）所示。

（a）自动化生产设备　　　　（b）化工生产过程控制设备　　　（c）智能电网控制与检测设备

图 1-2　嵌入式系统在几个工业生产行业中的应用

除了上述的工业生产行业外，还有其他许多生产行业也采用了嵌入式系统产品，这里就不一一叙述了。

2. 现代农牧业

现代农牧业是在传统农牧业基础上发展起来的，是相对于传统的、手工生产的农牧业而言的。现代农牧业采用了生物技术、信息技术以及生理学原理等来组织生产，生产中通常都采用了计算机管理及控制系统，使得农牧业生产集约化、高效化，农牧业产品优质、高产。

例如，现代农业的生产控制设备，如图 1-3（a）所示。田间作物什么时候需要浇水、哪块地要浇水、浇多少水等，均由嵌入式系统进行信息的采集和控制，从而使得浇水及时、有效。

再例如，现代畜牧业的生产控制设备，如图 1-3（b）所示。家禽什么时候喂食、喂水均由自动控制系统控制，所产蛋的流水包装也均由自动包装设备完成。这些系统和设备均由嵌入式系统进行控制。

（a）现代农业的生产控制设备　　　　　（b）现代畜牧业的生产控制设备

图 1-3　嵌入式系统在现代农牧业控制系统中的应用

3. 智能交通及汽车电子

智能交通系统（Intelligent Transportation System，ITS）是物联网的一种重要应用形式，是交通系统的未来发展方向。它利用信息技术、传感器技术、通信技术、控制技术等，对一个大范围内的地面交通运输网进行实时、准确、高效的综合管理和控制，从而减少交通负荷和环境污染、保证交通安全、提高运输效率等。

在智能交通系统中，有许多子系统涉及嵌入式系统的应用，如图1-4（a）所示，主要涉及车载电子设备和车辆控制系统、交通管理系统、电子收费系统等。

另外，汽车行业是我国飞速发展的一个行业，汽车上70%的创新来源于汽车电子系统，汽车电子系统具有巨大的发展空间。汽车电子系统包括车载音响、车载电话、防盗系统等产品，还包括汽车仪表、导航系统、发动机控制器（如空燃比控制、点火正时控制）、底盘控制器（如制动防抱死控制、驱动防滑控制、车辆稳定性控制）等技术含量高的产品，如图1-4（b）所示。在将来，汽车可能会成为娱乐中心和移动办公中心，汽车电子系统的各组成部分将会建立在标准通信协议基础上。随着MCU应用需求的增加，人们对在汽车电子系统中的嵌入式系统将有新的要求，如其可靠性和温度特性都不同于消费电子系统。嵌入式Linux等操作系统也将在汽车电子系统中得到广泛使用。

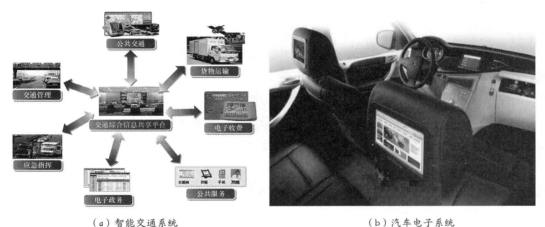

（a）智能交通系统　　　　　　　　　　（b）汽车电子系统

图1-4　嵌入式系统在智能交通系统及汽车电子系统中的应用

4. 智能小区及智能家居

智能小区是指城市中由若干住宅楼群组成的，采用计算机技术、自动控制技术、IC卡技术、网络通信技术来构建其综合物业管理系统的人居区域。在我国，相关管理部门对智能小区所具备的功能有明确的要求，即智能小区的主要功能应有水/电/气（主要是天然气，北方城市还包括暖气）集中抄表、小区配电自动化、自动门禁系统、电动车自动充电桩、光纤到户、智能家居服务等，如图1-5（a）所示。

智能家居是智能小区的重要组成部分，以一户家庭的住宅为平台，利用综合布线技术、网络通信技术、嵌入式计算技术、自动控制技术等，把家居生活中有关的家电、照明、安全防范等设施集成，构建一个安全、便利、舒适的居住环境。

智能家居又称智慧家居或智能住宅，国外常用Smart Home表示。智能家居功能组成如图1-5（b）所示。信息家电是构成智能家居的重要元素。信息家电是指所有能提供信息服务或通过网络系统交互信息的消费类电子产品。如电视机、冰箱、微波炉、电话等都将嵌入计算机，并通过家庭服务器与互联网连接，转变为智能网络家电，还可以实现远程家电控制、远程教育等新功能。

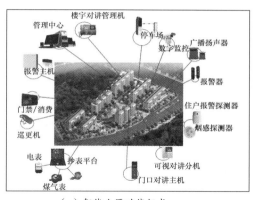
（a）智能小区功能组成

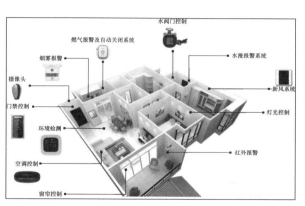
（b）智能家居功能组成

图1-5 嵌入式系统在智能小区及智能家居中的应用

5. 移动智能终端

移动智能终端包括智能手机、PDA、平板计算机等。中国拥有世界上最大的手机用户群，智能手机已向着具有强大计算功能的方向发展，而不仅仅用于通信。在未来，新的移动、手持式设备将会得到极大的发展，通过这些设备人们可以随时随地进行互联访问。

6. 军事领域

嵌入式系统最早出现在20世纪70年代的武器控制中，后来用于军事指挥控制和通信系统，所以军事国防历来是嵌入式系统的一个重要应用领域。在现代各种武器控制（如火炮控制、导弹控制和智能炸弹的制导、引爆），以及坦克、军舰、战斗机、雷达、通信装备等陆、海、空多种军用装备上，都可以看到嵌入式系统的影子。

1.3 嵌入式系统的设计方法

一种好的嵌入式系统设计方法是十分重要的，原因有3点：第一，它使我们对所做的工作进度有清晰的了解，可以确保不遗漏其中的细节；第二，可以使整个开发过程分阶段进行，从而做到有条不紊；第三，方便设计团队中的成员相互交流、相互配合以完成系统的设计目标。

图1-6给出了嵌入式系统设计的主要步骤。以自顶向下的角度来看，系统设计第1步从系统的需求分析开始；第2步是规格说明，对需设计的系统功能进行更细致的描述，这些描述并不涉及系统的组成；第3步是体系结构设计，在这一阶段以大的构件为单位设计系统内部详细构造，明确软、硬件功能的划分；第4步是构件设计，它包括系统程序模块设计、专用硬件芯片选择及硬件电路设计；第

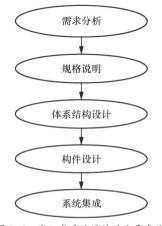

图1-6 嵌入式系统设计的主要步骤

5步是系统集成，在完成了所有构件设计的基础上进行系统集成，构造出所需的完整系统。

1.3.1 需求分析与规格说明

在设计之前，我们必须清楚要设计什么。在设计的最初阶段，我们应从客户那里收集系统功能的非形式描述，在此称其为需求；对需求进行提炼，以得到系统的规格说明，规格说明中应包含我们进行系统体系结构设计所需的足够信息。

在此把需求和规格说明区分开是有必要的，因为嵌入式系统的用户不是专业人员，他们对系统的描述是建立在他们想象的、系统应具备的功能基础上的，对系统可能有些不切实际的期望，表达需求时使用自己的话而不是专业术语。所以，必须将用户的描述转化为系统设计者的描述，从用户的需求中整理出正式的规格说明。

用户需求通常包括功能部分和非功能部分。非功能部分需求主要指性能、生产成本、尺寸和质量、功耗等。表 1-1 所示是一个在系统设计初始阶段使用的需求说明表格样本，可在该表格中用简练、清晰的语句描述用户对系统的基本需求。

表 1-1　需求说明表格样本

项目	说明
名称	
目的	
输入	
输出	
功能	
性能	
生产成本	
功耗	
尺寸和质量	

● 名称。给该项目取一个名称是十分有用的，这可以使设计者和用户、设计者和设计者之间讨论这个项目时更方便，也可以使设计的目的更加明确。

● 目的。用一到两句话对系统需要满足的基本需求进行描述。如果你不能用一两句话来描述你所设计的系统的主要特性，说明你还不是十分了解它。

● 输入和输出。这两项内容较复杂，对系统的输入和输出进行描述，其应包括如下内容。

> 数据类型：I/O 信号是模拟量信号、数字量信号，还是开关量信号。

> 数据特性：数据是周期性到达的还是随机到达的，每个数据有多少位。

> I/O 设备类型：有什么类型的输入设备、什么类型的输出设备。

● 功能。这一项是对系统所做工作的更详细描述，通常从系统的输入到系统的输出来进行描述。例如，当系统接收到输入时，它执行哪些任务？用户通过界面输入的数据如何对系统产生影响？不同功能如何相互作用？

● 　性能。性能主要指系统的处理速度及系统所处的运行环境。对性能的要求必须尽早明确，以便设计时随时检查系统是否达到性能要求。

● 　生产成本。生产成本主要指硬件构件的费用。如果你不能确定将要花费在硬件构件上的确切费用，那么起码应对最终产品的价格有粗略的了解，因为价格最终会影响系统的体系结构。

● 　功耗。对系统的功耗必须有粗略的了解，因为功耗决定系统是靠电池供电还是通过插座供电，这是系统设计过程中的一个重大决定。对于靠电池供电的系统，设计者必须认真地对功耗问题进行考虑。

● 　尺寸和质量。对系统的物理尺寸和质量的了解有助于系统体系结构的设计。某些嵌入式系统对尺寸和质量的要求是非常严苛的。

下面以 GPS 移动地图为例来说明系统需求表（见表 1-2）如何填写。

表 1-2　GPS 移动地图系统需求表

项目	说明
名称	GPS 移动地图
目的	为司机等用户提供图形化的移动地图
输入	一个电源开关、两个操作按钮、GPS 信号输入
输出	LCD，分辨率为 400×600
功能	可接 5 种 GPS 信号接收器，具有 3 种用户可选的地图比例，总是显示当前经纬度
性能	0.25s 内即可更新一次屏幕，常温下工作
生产成本	1500 元
功耗	4 节电池供电应可连续工作 8h，功耗约为 100mW
尺寸和质量	尺寸不大于 20cm×30cm，质量不大于 0.25kg

GPS 移动地图是一种手持设备，该设备为用户（如汽车驾驶员）显示他当前所处位置及周围的地图，显示的地图内容应随用户以及该设备所处位置的改变而改变。该设备从 GPS 得到位置信息。移动地图的显示看起来应类似纸张上的地图。

规格说明应更精确地反映用户的需求，它是设计者在设计时必须明确遵循的要求。规格说明应小心编写，描述应足够清晰，不能有歧义，以便设计者可以通过它来验证设计是否达到要求。规格说明中通常只描述系统应做什么，而不描述系统该怎么做。

描述规格说明的工具可采用 UML（Unified Modeling Language，统一建模语言）。UML是一种面向对象的建模语言，它是软件工程课程中详细讲解的内容。本书附录简要地介绍了它的概念和图形工具。

1.3.2　体系结构设计

体系结构设计的目的是描述如何实现系统的功能，它是系统整体结构设计的计划。下面以一个具体的体系结构设计为例，让读者明了如何进行体系结构设计。

图 1-7 以框图的形式描述了 GPS 移动地图的体系结构，展示了 GPS 移动地图的主要功能及其数据流。框图很抽象，还没有规定软件完成什么、专用硬件完成什么等。但框图还是清楚地描述了许多功能，如需搜索地图数据库、需显示地图、需接收 GPS 信号等。

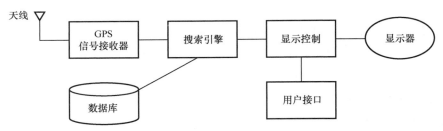

图 1-7　GPS 移动地图的体系结构

只有在完成了一个并未涉及太多具体实现细节的初始体系结构的设计后，才可能把系统框图再分成两部分：一部分针对硬件，另一部分针对软件。将图 1-7 细分成硬件结构、软件结构两部分，分别如图 1-8 和图 1-9 所示。

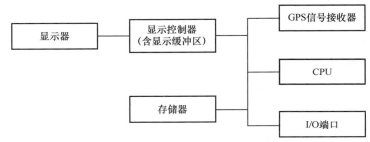

图 1-8　GPS 移动地图的硬件结构

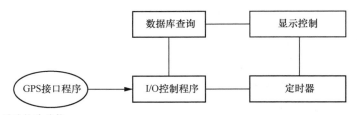

图 1-9　GPS 移动地图的软件结构

系统结构描述必须同时满足功能部分和非功能部分的需求，不仅要体现所需求的功能，而且必须符合成本、速度、功率和其他功能约束。先从系统体系结构开始，逐步把这一结构细化为硬件和软件体系结构是确保系统符合规格说明的一种好方法，即我们首先集中考虑系统中的功能约束，然后在设计硬件和软件结构时考虑非功能约束。

1.3.3　构件设计

体系结构设计告诉我们需要什么样的构件，而构件设计就是设计或选择符合体系结构和规格说明要求的构件。构件通常既包括 FPGA、电路板等硬件，也包括软件模块。

一些硬件构件是现成的。现成的硬件构件既有标准构件，也有专用构件，例如 CPU 芯片、存储器芯片等就是标准构件，而在 GPS 移动地图中的 GPS 信号接收器就是专用构件。同样，软件构件也可利用标准软件模块，如地图数据库及数据库标准访问例程和函数。在系统开发时，采用标准软件模块可以节约开发时间。

更多情况下，我们需要自己设计一些构件，即使采用标准的集成电路（IC），也必须设计连接它们的印制电路板（PCB），同时需做大量的定制编程。当然，建立嵌入式软件模块时，你必须利用专业技能来确保系统实时性良好，并且在允许的范围内不占用更多的存储空间。在 GPS 移动地图这个例子中，电能消耗特别重要，设计时应尽量减少存储器读 / 写次数，因为存储器的访问是主要的功耗来源，存储器的访问必须精心安排，以避免多次读取相同的数据。

1.3.4　系统集成

只有建立构件后，才能将它们合并，从而得到一个可以运行的系统。当然在系统集成阶段并不是把所有的构件连接在一起就行了，通常设计者都会发现以前设计上的错误。而好的计划能帮助我们快速发现系统错误并改正它们。在系统集成时按阶段构架系统，并且每次只对一部分模块排错，能够更容易地发现并定位错误。只有在系统集成的早期修正这些错误，才能更好地发现并修正那些在系统高负荷、长时间运行时才会出现的复杂的或者含混的错误。我们必须确保在体系结构设计和各构件设计阶段尽可能按阶段集成系统，并相对独立地测试系统功能。

系统集成时要准确定位出现的错误是非常困难的，因为嵌入式系统开发中使用的调试工具有限，比台式计算机少得多。嵌入式系统本身的这一特性，就决定了在系统集成阶段，要准确确定系统为何不能正确工作以及如何对此进行修复是很困难的。在这一阶段，设计者的专业知识和经验将起很大的作用。

1.4　嵌入式系统的开发工具

嵌入式系统的开发，通常都需要借助开发工具及平台。一个好的开发工具，能够有效地帮助嵌入式系统设计者缩短其产品的开发周期，并帮助提高产品的质量和性能。

嵌入式系统的开发工具主要包括工程项目管理器、编辑器、编译 / 链接器、调试器、模拟器、分析工具、建模工具等软件工具，以及一些必要的硬件调试、观测设备，如 JTAG（Joint Test Action Group，联合测试行动小组）接口仿真器、逻辑分析仪、示波器等。通常，开发软件工具供应商会把多种软件工具集成在一起，构成一个高效的、图形化的嵌入式系统开发平台，这个开发平台被称为嵌入式系统的集成开发环境（Integrated Development Environment，IDE）。也就是说，集成了代码编写功能、分析功能、编译功能、调试功能等工具的开发软件包，都可被称为集成开发环境。

对于不同的嵌入式系统应用需求，可选用的微处理器芯片以及以此芯片为核心开发出的硬件平台通常会不同，因此选用的集成开发环境也不同。嵌入式系统的集成开发环境有许多种，由于本书是以龙芯 1B 系列芯片为背景来介绍的，因此开发工具的介绍以 LoongIDE 为主。

1.4.1 LoongIDE 简介

LoongIDE 是龙芯 1x 芯片的嵌入式开发工具套件，它内部包含 LS1x DTK 工具，支持 C/C++ 语言、MIPS 汇编语言，可以创建、编译 / 链接以及调试基于龙芯 1x 芯片的嵌入式系统应用程序。LoongIDE 有以下几个主要特点。

（1）以项目为单位进行源代码管理，具有功能强大的 C/C++、MIPS 汇编代码编辑器。

（2）实时代码解析引擎，实现光标处头文件、类、变量、函数等定义原型的快速定位。

（3）集成 LS1x 的 RTEMS BSP，提供 LS1x 片上设备的驱动程序，支持 Posix 1003.1b 软件标准。

（4）使用优化的 RTEMS GCC for MIPS 工具链，支持 -mips32/-mips32r2 和 -mhard-float 等编译选项。

（5）支持基于 RT-Thread、FreeRTOS、μC/OS 裸机项目的开发，自动生成项目框架代码和提供部分 libc 库函数支持。

（6）基于 EJTAG（Enhanced Joint Test Action Group，增强型联合测试行动小组）设备的 C、C++ 和 MIPS 汇编语言的源代码级的单步调试，并具有基于 PMON TCP/IP 快速下载待调试项目到目标机的功能。

（7）提供多种 Flash 的编程方式，方便用户部署项目应用。

LoongIDE 与基于龙芯 1x 芯片的目标系统之间建立的交叉编译环境如图 1-10 所示。采用 Windows 操作系统的主机（即个人计算机或笔记本计算机）是宿主机，其上安装了 LoongIDE；龙芯 1x 开发板是目标机；LxLink 是用于芯片级调试的、具有 EJTAG 接口的仿真器（有的开发板上具有 LxLink 功能的电路），它与宿主机连接采用 USB 信号接口，与目标机连接采用 EJTAG 信号接口。LxLink 支持在线调试基于龙芯 1x 的目标机，并支持 NOR Flash 芯片的编程。

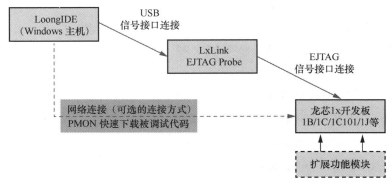

图 1-10　LoongIDE 与基于龙芯 1x 芯片的目标系统之间建立的交叉编译环境

1.4.2　LoongIDE 的操作界面

LoongIDE 的操作界面由菜单栏、工具栏、项目视图窗口、代码编辑窗口、代码解析窗口、消息提示窗口和状态栏等部分构成。其运行后的操作主界面如图 1-11 所示。其中代码编辑窗口和消息提示窗口分别用于源代码编辑和源代码调试的操作。

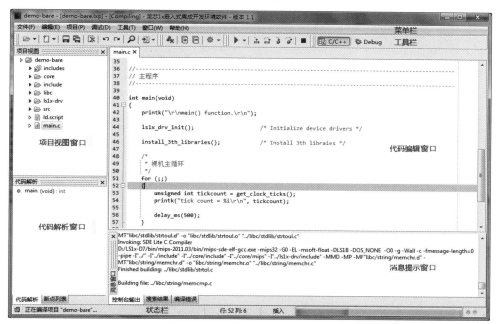

图 1-11　LoongIDE 运行后的操作主界面

1. 菜单栏

菜单栏集中了用户操作的主要功能，包括文件、编辑、项目、调试、工具、窗口、帮助等菜单。各菜单下又有许多子菜单。

（1）"文件"菜单下的子菜单如图 1-12 所示。它主要提供新建项目、新建源代码文件，以及打开文件、保存等操作。

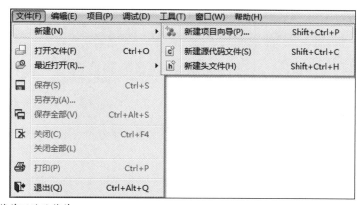

图 1-12　"文件"菜单下的子菜单

（2）"编辑"菜单下的子菜单如图 1-13 所示。它主要提供文件编辑中的复制、粘贴、查找、替换等操作。

（3）"项目"菜单下的子菜单如图 1-14 所示。它主要提供对已经存在的项目进行打开项目、关闭项目、添加文件到项目、从项目删除文件，以及编译等操作。

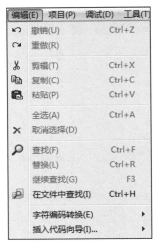

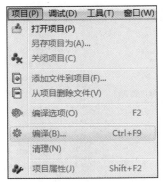

图 1-13　"编辑"菜单下的子菜单　　　　　　　　图 1-14　"项目"菜单下的子菜单

（4）"调试"菜单下的子菜单如图 1-15 所示。它主要提供对项目进行调试的操作功能，包括运行、单步进入、单步跳过等调试方式。

（5）"工具"菜单下的子菜单如图 1-16 所示。它主要提供工具链设置、编辑器选项、NOR Flash 编程、NAND Flash 编程等操作。

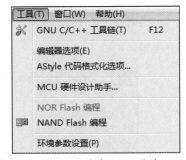

图 1-15　"调试"菜单下的子菜单　　　　　　　　图 1-16　"工具"菜单下的子菜单

（6）"窗口"菜单下的子菜单如图 1-17 所示。它主要提供把相关窗口或工具栏添加到操作主界面上的功能。

（7）"帮助"菜单下的子菜单如图 1-18 所示。它主要提供链接各种帮助文档的功能，如 LS232 编程参考手册、GNU C/C++ 语言参考等。

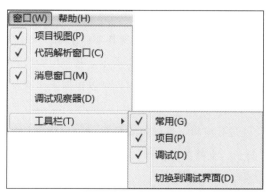

图1-17 "窗口"菜单下的子菜单

图1-18 "帮助"菜单下的子菜单

2. 工具栏

工具栏提供给用户一种快速操作的手段,它包括文件操作、项目操作、调试操作、界面切换操作等的快捷按钮。

(1)文件操作的快捷按钮包括打开文件、新建文件、保存全部、查找、撤销等,具体如图1-19所示。

(2)项目操作的快捷按钮包括关闭项目、批量添加文件、批量删除文件、编译等,具体如图1-20所示。

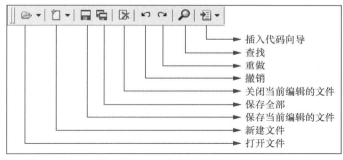

图1-19 工具栏中文件操作的快捷按钮

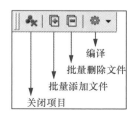

图1-20 工具栏中项目操作的快捷按钮

(3)调试操作的快捷按钮包括开始调试、停止调试、单步跳过、单步进入等,具体如图1-21所示。

(4)界面切换操作的快捷按钮包括C/C++、Debug等,具体如图1-22所示。

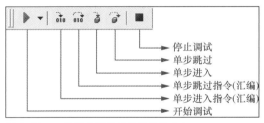

图1-21 工具栏中调试操作的快捷按钮

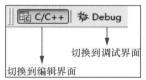

图1-22 工具栏中界面切换操作的快捷按钮

3. 操作窗口

操作窗口分为"编辑"和"调试"两种显示形式。对于编辑显示形式，操作窗口主要分成 4 个，即代码编辑窗口、项目视图窗口、代码解析窗口、消息提示窗口，如图 1-11 所示。其中用于代码编辑的代码编辑窗口不可关闭，而项目视图窗口、代码解析窗口、消息提示窗口可以根据操作需要进行打开或者关闭。调试显示形式的操作窗口将在 1.4.4 小节中介绍。

（1）代码编辑窗口利用"文本编辑器"对文本文件进行编辑，可以完成 C/C++、MIPS 汇编语言等源文件和头文件的编辑，支持 C/C++ 语法高亮显示、支持剪贴板操作等。图 1-23 是一个利用代码编辑窗口进行 C 语言源文件编辑的示例。

```
main.c ×  ls1x_drv_init.c ×  [*] ns16550.c ×
200  /*****************************************************
201  * Process interrupt.
202  */     修改未保存标记      关闭按钮
203  static void NS16550_interrupt_process(NS16550_t *pUART)
204  {
205      int i, status, count = 0;
206      char buf[SP_FIFO_SIZE+1];
207
208      /*
209      * Iterate until no more interrupts are pending
210      */
211      do
212      {
213          status = (int)NS16550_get_r(pUART->CtrlPort, NS16550_INTERRUPT_ID);
214
215          /*
216          * 收到数据                        代码编辑窗口
217          */
218          if (status & SP_INTID_RXRDY)
219          {
220              /* Fetch received characters */
221              for (i=0; i<SP_FIFO_SIZE; ++i)
222              {
223                  if ((NS16550_get_r(pUART->CtrlPort, NS16550_LINE_STATUS) & SP_LSR_RDY) != 0)
224                  {
225                      buf[i] = (char)NS16550_get_r(pUART->CtrlPort, NS16550_RECEIVE_BUFFER);
226                  }
227                  else
228                      break;
229              }
230
231              /*
232              * Enqueue fetched characters to buffer
```

图 1-23　代码编辑窗口编辑示例

（2）项目视图窗口以树形目录结构展示当前工程项目的全部文件夹以及文件夹下的文件，其树形目录结构展开后如图 1-24 所示。

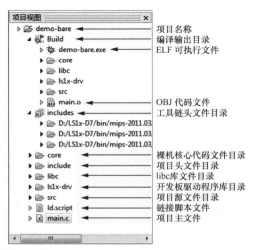

图 1-24　项目视图窗口中的树形目录结构

（3）代码解析窗口也以树形目录结构显示当前代码编辑窗口编辑的源代码、头文件的解析结果，但不解析工具链的头文件，其树形目录结构展开后如图1-25所示。

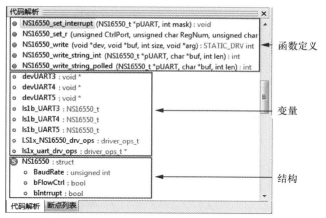

图1-25　代码解析窗口中的树形目录结构

（4）消息提示窗口用于向用户反馈当前操作的状态信息，由"控制台输出""搜索结果""编译错误"3个选项卡组成，如图1-11所示。"控制台输出"选项卡用于通用信息交互。"搜索结果"选项卡用于显示菜单栏中"编辑→在文件中查找"的查找结果，并可快速定位。"编译错误"选项卡用于显示项目编译的错误信息，并可快速定位。图1-26是消息提示窗口的应用示例。

（a）"控制台输出"选项卡的示例

（b）"搜索结果"选项卡的示例

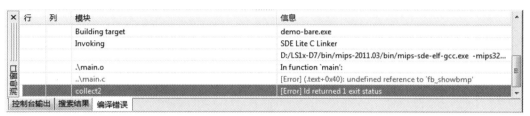

（c）"编译错误"选项卡的示例

图1-26　消息提示窗口的应用示例

1.4.3 LoongIDE 工具中的项目基本操作

LoongIDE 以项目为单位，对源代码文件以及其他配置、资源文件进行管理，其能够管理的文件类型主要有以下几种。

（1）项目文件，文件的扩展名为 .lxp。

（2）用 C/C++ 语言编写的源代码文件，文件的扩展名为 .c 或 .cpp。

（3）用 MIPS 汇编语言编写的源代码文件，文件的扩展名为 .S。

（4）C/C++ 语言的头文件，文件的扩展名为 .h 或 .hpp。

（5）用于 #include 的源文件，文件的扩展名为 .inl。

（6）项目配置文件，文件的扩展名为 .layout。

LoongIDE 为了便于用户开发裸机环境下的应用程序，或者开发 RT-Thread、FreeRTOS、µC/OS 环境下的应用程序，提供了一个名为 start.S 的启动文件。该文件内部包含应用程序的入口，其不可被改名，因为它是 GCC 链接时链接的第一个文件，但其内部的语句可以根据具体应用需求进行改动，不过引导应用程序的语句不能随意改动。

另外，LoongIDE 提供了具有指定文件名的链接脚本文件，其文件名为 ld.script/linkcmds。生成 makefile.mk 时首先会查找 ld.script 脚本文件，再查找 linkcmds 脚本文件。

1. 新项目建立

LoongIDE 中新项目建立的操作步骤如下。

（1）在安装了 LoongIDE 的宿主机上，单击运行 LoongIDE.exe 程序，即可进入 LoongIDE 的主界面，如图 1-27 所示（这个界面是初次运行 LoongIDE 的界面，若不是初次运行，则界面如图 1-11 所示）。

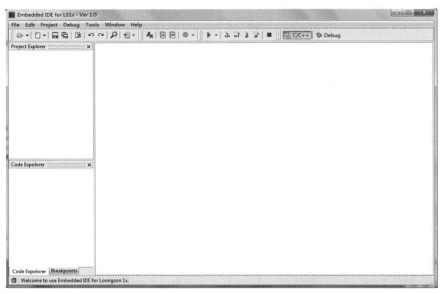

图 1-27　初次运行 LoongIDE 的主界面

（2）进入主界面后，在新建项目之前，需要设置一些初始信息，包括语言设置、工作区目录设置、GNU 工具链设置等，其操作如下。

● 语言设置：打开菜单“Tools → Environment Options”，进入环境变量设置对话框，如图 1-28 所示。选择合适的语言后，单击“OK”按钮即可。若设置的语言是“简体中文（Simple Chinese）”，单击“OK”按钮后，界面中的操作菜单等就是简体中文显示。

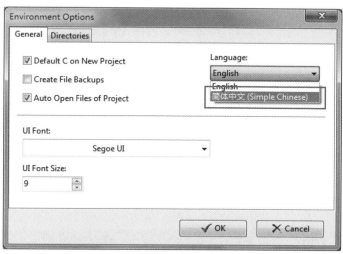

图 1-28　语言设置操作界面

● 工作区目录设置：打开菜单“工具→环境变量设置”，选择“目录（Directories）”选项卡，然后从文件系统中选择工作区目录，作为新建项目的默认存放目录，如图 1-29 所示。

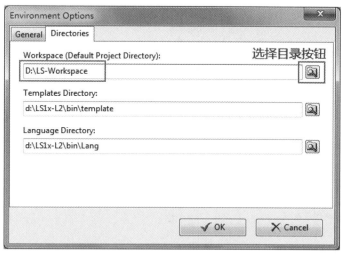

图 1-29　工作区目录设置操作界面

● GNU 工具链设置：打开菜单“工具→ GNU C/C++ 工具链”，即可进入图 1-30 所示的界面。若在初始安装 LoongIDE 时，已经同时在同一目录下安装了工具链，则在初始运行 LoongIDE 时，会自动加载工具链；否则，需要通过单击“增加工具链”按钮来加载工具链。操作示意如图 1-31 所示。

图 1-30　GNU 工具链设置界面

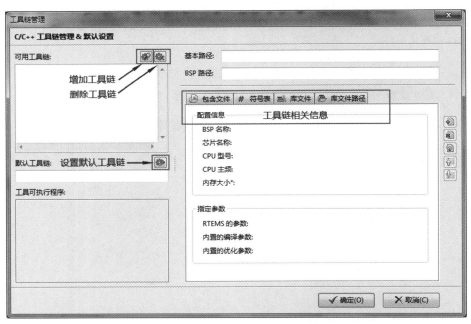

图 1-31　增加工具链的操作示意图

　　如图 1-31 所示，需要增加工具链时，单击"增加工具链"按钮，选择工具链所在目录，系统将查找并加载工具链和 BSP。然后，从"可用工具链"列表中选中一个，单击"设置默认工具链"按钮，则被选中的工具链在"默认工具链"文本框中显示。同时，在界面右侧，可以看到工具链和 BSP 的基本信息，其中"符号表"在编程时可引用为 C/C++/ASM 的宏定义。

　　（3）初始信息设置好后，就可以单击菜单栏中的"文件→新建→新建项目向导"来创建用户项目框架。新建项目向导的首界面如图 1-32 所示。然后，向新建项目中添加源代码等文件，实现项目要求的功能。

图 1-32　新建项目向导的首界面

图 1-32 所示为设置项目的基本信息，用户可以在"项目名称"文本框中输入自定义的项目名称（系统会自动加上项目文件的扩展名 .lxp），并指定项目的文件夹位置。设置好基本信息后，单击"下一页"按钮，进入下一步操作界面。

（4）根据项目的需求，设置 MCU 型号、工具链和操作系统等配置选项，其界面如图 1-33 所示。

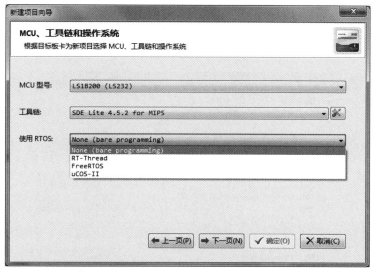

图 1-33　MCU 型号、工具链和操作系统设置界面

图 1-33 中，MCU 型号需要根据项目实际使用的 MCU 芯片来选择；"工具链"下拉列表框，用来选择项目编译时使用的工具链；"使用 RTOS"下拉列表框，用来选择项目是基于裸机编程 [None（bare programming）]，还是基于某个实时操作系统编程，可选的实时操作系统有

μCOS-Ⅱ（正确书写应为 μC/OS-Ⅱ）、FreeRTOS、RT-Thread 等。完成这个界面的设置后，单击"下一页"按钮，进入下一步操作界面。

（5）完成实时操作系统的组件添加。根据第（4）步在"使用 RTOS"下拉列表框中选择的不同实时操作系统，单击"下一页"按钮后，将会进入不同的操作界面。

● 当在第（4）步操作中，在"使用 RTOS"下拉列表框中选择裸机编程，或者选择 μCOS-Ⅱ，或者选择 FreeRTOS 后，单击"下一页"按钮将进入图 1-34 所示的组件界面。根据实际需要在组件列表中进行勾选。

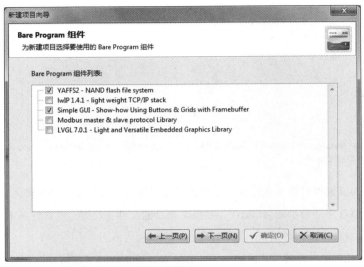

图 1-34　选择裸机编程 /μCOS-Ⅱ/FreeRTOS 时的组件界面

● 当在第（4）步操作中，在"使用 RTOS"下拉列表框中选择 RT-Thread 后，单击"下一页"按钮将进入图 1-35 所示的组件界面。根据实际需要在组件列表中进行勾选。

图 1-35　选择 RT-Thread 时的组件界面

● 当在第（4）步操作中，在"使用 RTOS"下拉列表框中选择相应的 RTEMS 后，单击"下一页"按钮后将进入图 1-36 所示的组件界面。项目将使用已移植好的龙芯 1x RTEMS 板级支持包进行开发。

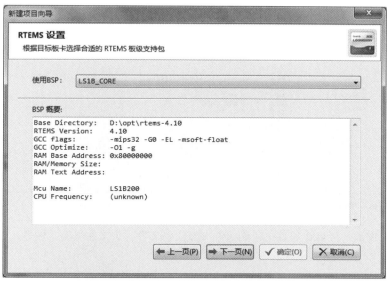

图 1-36　选择 RTEMS 时的组件界面

完成相关实时操作系统的组件添加后，单击"下一页"按钮，进入下一步操作界面。

（6）新建项目汇总界面如图 1-37 所示，确认并完成新建项目向导的操作，单击"确定"按钮后，将建立一个新项目的程序框架，如图 1-38 所示。

图 1-37　新建项目汇总界面

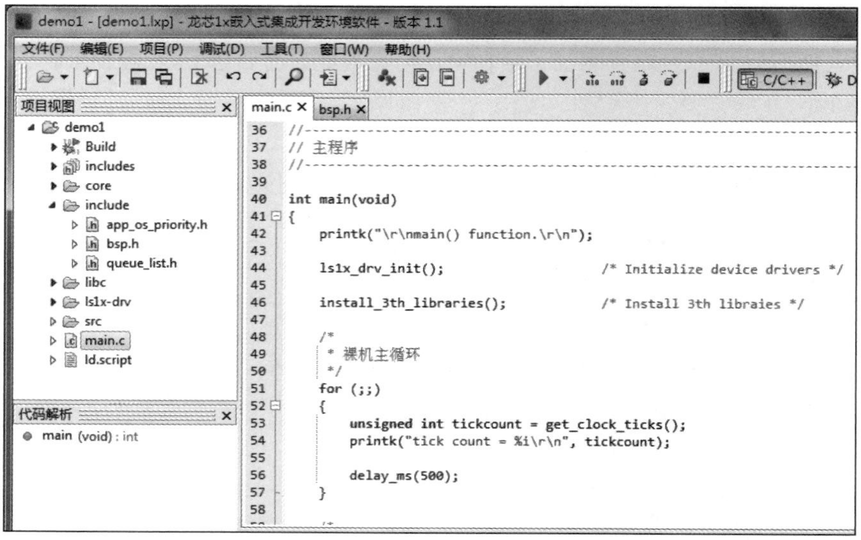

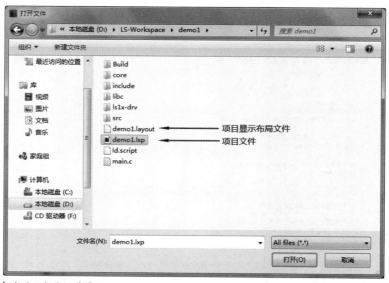

图 1-38　一个新建项目的程序框架示例

　　项目新建完成后，可以在项目中新建或添加源代码文件、头文件、库文件等，然后进行编辑、保存文件等操作。

2. 已有项目的操作

　　若项目文件已经存在，就不需要再进行新项目的建立操作，而可直接进行打开、添加、保存、关闭等相关操作。

　　（1）单击菜单"项目→打开项目"或者单击工具栏中的 按钮，即可进入图 1-39 所示的界面，然后选择要打开的项目文件（扩展名为 .lxp），单击"打开"按钮，即可打开已有的项目。

图 1-39　打开已有的项目文件操作界面

　　（2）单击菜单"项目→添加文件到项目"或者单击工具栏中的 按钮，可以实现向项目中批量添加文件，其操作界面如图 1-40 所示。

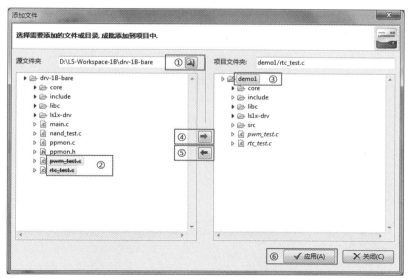

图 1-40　向项目中批量添加文件的操作界面

图 1-40 中，左边是被选择的源文件夹及源文件的树形目录，右边是项目中的树形目录及相关文件夹下的文件。若要向右边的项目目录中批量添加文件，先在左边的树形目录中选中需要添加的文件夹或文件（可以使用 Ctrl+ 单击来多选），然后单击界面中部的 ➡ 按钮，被选中的文件夹或文件就会被添加到当前项目的文件夹中。

（3）单击菜单"文件→保存全部"或者单击工具栏中的 🖫 按钮，即可进行项目的保存。若项目中的文件被修改过，在关闭项目前将提示是否保存。

（4）单击菜单"项目→关闭项目"或者单击工具栏中的 🐝 按钮，即可关闭当前打开的项目。

1.4.4　LoongIDE 工具中的项目编译和调试

当项目中的源代码编辑完成后，可以进行编译，通过编译操作可以发现项目中的语法错误。若无语法错误，可以生成 MIPS ELF 格式的可执行程序（扩展名为 .exe）。

1. 项目的编译

（1）在正式编译之前，可以对编译器的一些参数进行设置，这些编译参数将决定 GCC（GNU Compiler Collection，GNU 编译器套件） 编译器的行为，对最终生成的可执行程序有决定性影响。

当项目打开后，单击菜单"项目→编译选项"可以进入编译参数设置界面，如图 1-41 所示。

图 1-41 中，左边是参数设置的树形列表，若需要设置某个参数，则单击树形列表中对应的条目，右边即可显示相应的参数设置界面。例如，若单击树形列表中的"MIPS & BSP Options"条目，则右边显示图 1-42 所示的参数设置界面。

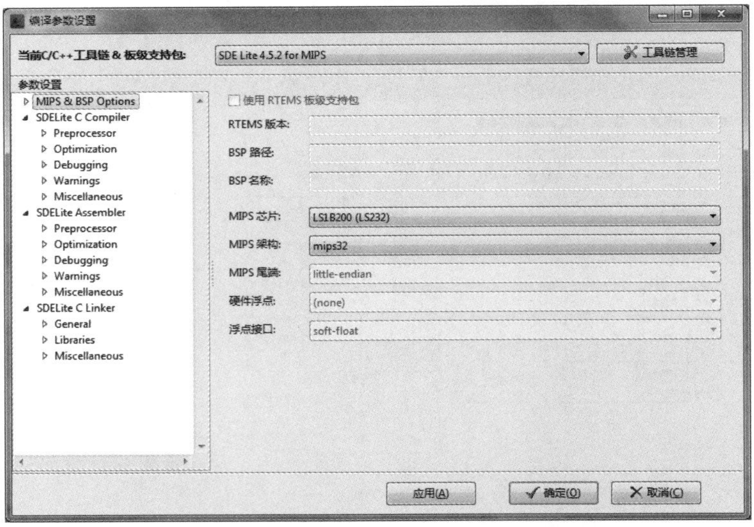

图 1-41 编译参数设置界面

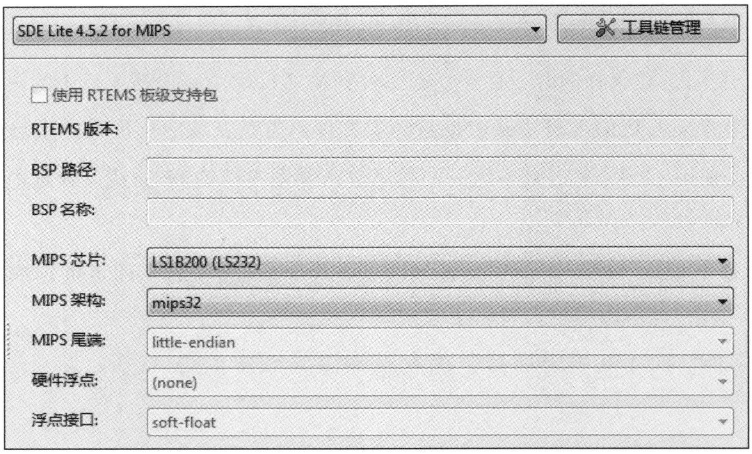

图 1-42 MIPS & BSP Options 的参数设置界面

（2）单击菜单"项目→编译"，或者单击工具栏中的 ⚙ ▾ 按钮，即可启动用户项目的编译。若编译成功，则会在消息提示窗口的"控制台输出"中看到图 1-43 所示的信息；若编译失败，则会在消息提示窗口的"编译错误"中看到图 1-44 所示的信息。

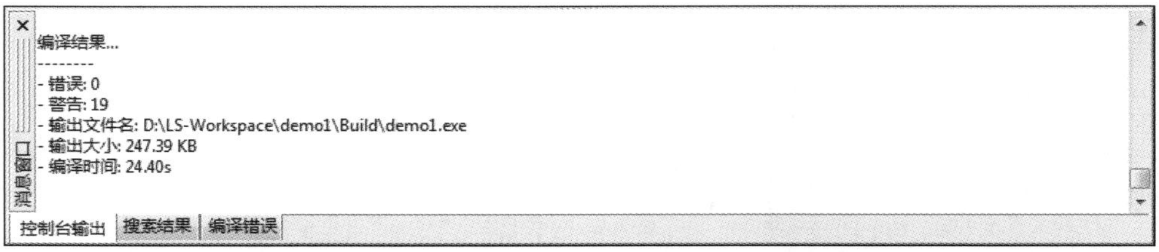

图 1-43 编译成功时显示的信息

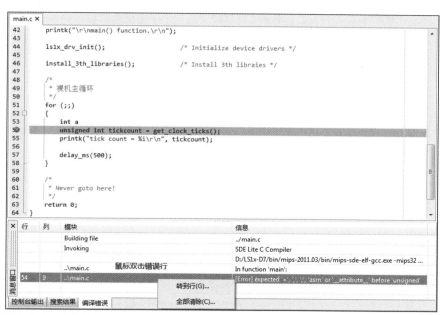

图 1-44　编译失败时显示的信息

2. 项目调试的初始设置

项目只有编译成功后，才可以进行调试。在进行项目调试前，还需要进行调试参数的设置。

（1）单击菜单"调试→调试选项"，或者单击工具栏中的 ▶ 按钮并在其下拉列表框中选择"调试选项"，即可打开调试选项的操作界面，如图 1-45 所示。其中有 4 个选项卡："主要""调试器""启动项""源代码"。图 1-45 显示的是"主要"选项卡的内容。

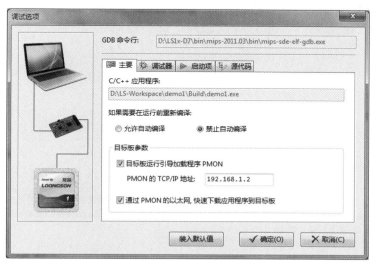

图 1-45　调试选项的操作界面

图 1-45 中，"C/C++ 应用程序"文本框中显示的是当前将要进行调试的项目应用程序文件名，其他参数根据需求来进行选择。

（2）若要进行调试器参数的设置，单击"调试器"选项卡即可进入其操作界面，如图 1-46 所示。

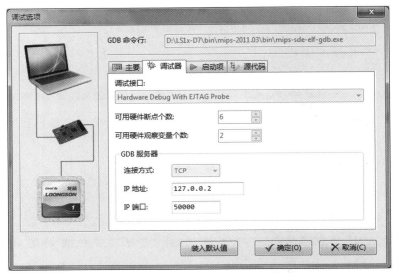

图 1-46　"调试器"选项卡的操作界面

图 1-46 中，"调试接口"中选择的是通过 LxLink 设备连接 EJTAG 接口，这个选项不要修改，采用默认设置，其他参数根据实际情况进行设置。

（3）若要进行启动项参数的设置，单击"启动项"选项卡即可进入其操作界面，如图 1-47 所示。

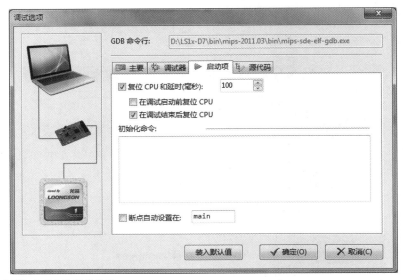

图 1-47　"启动项"选项卡的操作界面

图 1-47 中，"断点自动设置在"文本框用于输入一个函数名称，调试启动后，断点自动设置在该函数的第一条语句处。默认情况下，裸机编程项目对应的函数名称为 main，RTEMS 编程项目对应的函数名称为 Init。其他参数根据实际情况进行设置。

（4）若要进行源代码参数的设置，单击"源代码"选项卡即可进入其操作界面，如图 1-48 所示。

图 1-48　"源代码"选项卡的操作界面

在图 1-48 中，如果应用程序在链接时使用了项目文件以外的 .o 目标文件和 .a 库文件，并且使用了 -g 参数编译，在此处增加对应 .o 目标文件和 .a 库文件的源代码目录，用于调试时自动搜索。

3. 项目的调试

项目的调试操作步骤如下。

（1）单击菜单"调试→运行"，或者单击工具栏中的 ▶ ▼ 按钮，LoongIDE 将进入用户调试主界面，如图 1-49 所示。

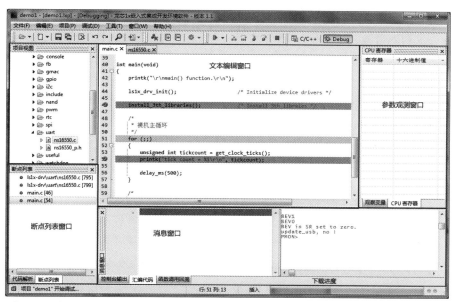

图 1-49　用户调试主界面

图 1-49 中主要有 4 类窗口：文本编辑窗口、断点列表窗口、参数观测窗口（用于观测程序运行断点处的 CPU 寄存器值）、消息窗口。调试运行时，用户界面会切换到"调试"状态，LoongIDE

将项目应用程序下载到目标机，同时在状态栏上显示项目下载的进度。下载完成后，可以正式开始应用程序调试。

（2）应用程序运行后，调试器将控制程序进入初始断点位置。初始断点位置有两种情况：

● 若在调试选项启动项界面中的"断点自动设置在"文本框中设置了函数名称main（见图1-47），那么初始断点将自动设置在该函数的第一条可执行语句处；

● 若没有设置，则初始断点将设置在项目应用程序的第一条语句处，一般是 start.S 的第一条指令处。

（3）进入初始断点后，即可通过单步运行或者连续运行等操作来进行程序的调试运行。其操作可以通过工具栏中的快捷按钮进行，如图1-50所示。

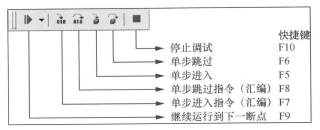

图 1-50   工具栏中用于调试的快捷按钮

在图1-50中，当单击 ▶▼ 按钮时，会从当前断点处运行到下一个断点处再停止。当单击单步操作相关的按钮时，则能一步一步地运行指令。单击 ■ 按钮将结束本次调试，用户界面将自动切换到"编辑"状态。

（4）在任何一个断点处，均能实时查看变量值，以及设置断点、设置观察变量等。断点的设置可以通过单击文本编辑器中源代码的行号来实现。单击行号可以把对应行的代码设置为断点，再单击行号就可以把已设好的断点移除，如图1-51所示。

```
main.c ×   ns16550.c ×
36   //
37   // 主程序
38   //
39
40   int main(void)
41 ┌ {
42       printk("\r\nmain() function.\r\n");
43
44       ls1x_drv_init();                /* Initialize device drivers */
45
46       install_3th_libraries();        /* Install 3th libraries */
47   单击行号，设置/移除断点
48       /*
49        * 裸机主循环
50        */
51       for (;;)
52 ┌   {
53           unsigned int tickcount = get_clock_ticks();
54           printk("tick count = %i\r\n", tickcount);
55
56           delay_ms(500);
57       }
```

图 1-51   断点的设置操作

对于观察变量，右击"观察变量"面板，会弹出图1-52所示的快捷菜单，可单击相关命令来进行增加、编辑、移除观察变量等操作。

图 1-52　观察变量的快捷菜单

当需要给某个变量赋一个参数值时，单击"编辑观察变量"命令，进入图 1-53 所示的界面，在文本框中输入观察变量名称，单击"确定"按钮后，该变量值将被赋给相应变量并带入调试程序中运行。

图 1-53　编辑观察变量的操作界面

通过反复地进行编辑、编译、调试等操作，把当前项目程序中的所有错误修正后，项目的开发工作就算完成了。

第02章

硬件平台一：核心板设计

嵌入式系统的硬件通常以微处理器为核心来构建，一种典型的嵌入式系统硬件结构是"核心板＋底板"，如图 2-1 所示。其中，核心板的硬件组成电路通常固定不变，而底板的硬件组成电路可以根据实际应用需求来进行设计、开发。本章将介绍核心板的硬件组成电路，底板中涉及的常用硬件组成电路将在第 03 章介绍。

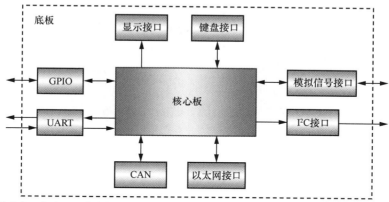

图 2-1　一种典型的嵌入式系统硬件结构

2.1　核心板的组成结构

核心板实际上是一种以某个嵌入式微处理器为核心的最小计算机系统，它能独立地运行程序，但由于没有设计各种 I/O 端口电路（I/O 端口电路通常设计在底板上），因此没有与外围设备进行信息交互的手段。本节将介绍核心板的硬件总体结构，然后介绍电源电路、时钟电路、复位电路，以及调试接口电路等。核心板上的微处理器（龙芯 1B 微处理器）、存储器及其接口电路将在后文介绍。

2.1.1　核心板的硬件总体结构

核心板的硬件总体结构如图 2-2 所示，其硬件组成电路需包括嵌入式微处理器（CPU 芯片或 MCU 芯片）、存储器、时钟电路、复位电路、电源电路、调试接口电路等。

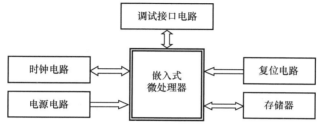

图 2-2　核心板的硬件总体结构

图 2-3 是一个典型的以龙芯 1B 芯片为核心来设计的核心板。

图 2-3　以龙芯 1B 芯片为核心的核心板

嵌入式微处理器本身是不能独立工作的，必须给它供电、加上时钟信号、提供复位信号，如果微处理器没有片内程序存储器，还要扩展程序存储器，这样嵌入式微处理器才能工作。这些提供嵌入式微处理器运行必备条件的硬件电路与嵌入式微处理器共同构成一个最小嵌入式系统（计算机）的硬件平台。而龙芯 1B 微处理器核的处理器芯片有调试接口，这部分在芯片实际工作时不是必需的，但因为这部分在开发时很重要，所以把调试接口也归入最小嵌入式系统。若片内存储容量足够，则外部存储器无须扩展。

2.1.2　电源电路

电源电路是整个嵌入式系统的能量提供者。由于嵌入式系统中的硬件芯片需要一定的稳定电压才能工作，因此电源电路具有极其重要的地位。一般来说，电源电路处理得好，整个系统的故障往往能减少一大半。选择和设计电源电路时主要考虑以下因素：

- 输出的电压、电流（嵌入式硬件系统需要多大的功率来确定电源输出功率）；
- 输入的电压、电流（是直流还是交流，输入电压和电流有多大）；
- 电磁兼容；
- 功耗限制；
- 体积限制；
- 成本限制。

嵌入式系统常用的电源模块是 AC-DC（交流到直流）、DC-DC（直流到直流）模块以及低压差稳压器（Low-Dropout Regulator）。AC-DC 模块完成交流到直流的转换，如将市电 220V 交流电直接变换为 5V 直流电，对于这类模块，输出电流的大小不同，模块大小也不同，同时价格也不同。功率越大，体积也越大，价格就越高。要根据嵌入式硬件系统的总功耗估算所需电源的功率来确定电源模块型号。

稳压器又称为稳压芯片，用于控制输出电压的恒定性，其最大的特点是低噪声、低成本、纹波小、精度高、电路简单。稳压器包括普通稳压器和低压差稳压器。78××/79×× 系列属于普通稳压器，

LM2576/LM2596 为开关稳压器，CAT6219/AS2815 /1117/AMS2908 等属于低压差稳压器。常用稳压器如表 2-1 所示。

表 2-1　常用稳压器

稳压器系列	78××/79 ×× 系列	LM2576/ LM2596 系列	C A T 6 2 1 7/ 6218/ 6219/ 6221 系列	AS2815-×× 系列	1117-×× 系列	AMS2908-×× 系列
输出电压等级，输出电流	5V、6V、8V 以 及 −5V、−6V、−8V 等，输出电流 1A	3.3V、5V、12V，输出电流 3A	1.25V、1.8V、2.5V、2.8V、2.85V、3.0V、3.3V， 输 出电流 500mA	1.5V、2.5V、3.3 V、5V，输 出 电 流 800mA	1.8V、2.5V、2.85V、3.3V 和 5V，输出电流 800mA	1.8V、2.5V、2.85V、3.3 V 和 5V，输 出电流 800mA
输入电压要求	××+3V~35V	××+3V~40V	2.3V~5.5V	××+0.5V~1.2V，小于或等于 7V	××+1.5V~12V	××+1.5V~12V

2.1.3　时钟电路

嵌入式系统中的微处理器内部含有时钟电路，因此需要方波脉冲信号作为时钟电路的时钟信号，才能使时钟电路按照方波脉冲的节拍正常工作。嵌入式微处理器内部通常都有时钟信号发生器，并且在芯片引脚上提供外接晶体振荡器（或称石英振荡器）的引脚。设计时钟电路时，只需要在芯片外部接一个晶体振荡器，微处理器的时钟电路就可以产生需要的时钟信号，如图 2-4（a）所示。但在有些场合（如减少功耗、需要严格同步等），需要使用外部时钟信号源提供时钟信号，如图 2-4（b）所示。

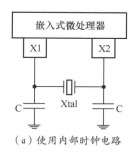

（a）使用内部时钟电路　　　　　　　　（b）使用外部时钟信号源

图 2-4　嵌入式微处理器时钟电路设计

图 2-4（a）中 Xtal 代表晶体振荡器，简称晶振。设计时需根据系统要求来选择合适频率的晶振，既要考虑嵌入式微处理器的最高工作频率，又要保证系统在一定的功耗范围内晶振是无极性的。晶振通常分为无源和有源两种。无源晶振有两只引脚，即 X1 和 X2；有源晶振有 4 只引脚，除 X1、X2 外还有电源和接地。X1 为输入，X2 为输出，通过 X2 可以提供时钟信号源给外部其他电路使用。

在龙芯 1B 芯片中，时钟模块用来产生系统主要的 3 个时钟信号，即 CPU_CLK、DDR_CLK、

DC_CLK。其中 DDR_CLK 时钟信号二分频后，被用作 SPI（Serial Peripheral Interface，串行外设接口）、I²C（Inter Integrated Circuit）、PWM（Pulse Width Modulation，脉冲宽度调制）、CAN（Controller Area Network，控制器局域网络总线）、WATCHDOG（看门狗）、UART（Universal Asynchronous Receiver/Transmitter，通用异步接收发送设备）等模块的工作时钟信号。系统集成了一个 PLL（Phase Locked Loop，锁相环路）功能部件，系统复位时通过外部 PAD 的状态获取初始配置，进入系统后用户可再次配置 PLL 以获得自定义频率的时钟信号。PLL 的输出是高频的 PLL_CLK，系统需要的 CPU_CLK、DDR_CLK、DC_CLK 都由此时钟信号分频得到。

2.1.4　复位电路

嵌入式微处理器都有一个系统复位引脚，为 nRESET 或 RESET，带 n 的表示低电平复位，不带 n 的表示高电平复位。一般情况下，nRESET 至少保持若干个处理器时钟周期的低电平，系统才能可靠复位，并且可以考虑人工干预复位。目前嵌入式系统常使用外接典型复位芯片以保证系统能可靠复位。对大多数嵌入式微处理器来说，复位后 PC（Program Counter，程序计数器）指针指向唯一的地址 0xbfc00000，而在此地址处通常放一条无条件转移指令 B RESET 转向 RESET 开始的程序片段，在这个系统初始化程序中就可以对系统进行初始化操作，以保证系统有序工作。

常见微处理器的复位专用芯片有以下两类。

（1）811/812 系列（如 CAT811）。复位电压有 5V、3.3V、3V、2.5V 可选，其中 811 表示输出低电平复位信号，812 表示输出高电平复位信号。

（2）SP708 系列。SP708（5V）和 SP708SEN（3.3V）均表示高电平和低电平输出复位双引脚。

2.1.5　调试接口电路

片上调试（On-Chip Debugging，OCD）技术 JTAG 主要用于芯片内部测试及对系统进行仿真、调试。JTAG 是一种嵌入式调试技术，它在芯片内部封装了专门的测试电路 TAP（Test Access Port，测试访问口），通过专用的 JTAG 测试工具对内部节点进行测试。

1. 边界扫描和 TAP

由于传统 ICE 难以胜任高速嵌入式系统的开发工作，现在越来越多的嵌入式微处理器（如 ARM 系列）借助于片上调试技术进行嵌入式系统的调试。边界扫描（Boundary Scan）测试技术是对芯片或 PCB（Printed Circuit Board，印制电路板）进行片上调试时常用的一种技术，它的基本思想是在靠近芯片的 I/O 引脚处增加一个移位寄存器 BSR（Boundary Scan Register，边界扫描寄存器）。当芯片处于正常运行模式时，BSR 对芯片来说是透明的，芯片的运行不受任何影响。当芯片处于调试工作模式时，BSR 可以将芯片与外围的 I/O 信号隔离开。对于芯片的输入引脚，则把 BSR 中与之相应的信号（数据）加载到该引脚；对于芯片的输出引脚，则把它们的输出信号（数据）"捕获"到与之相应的 BSR 中。

除 BSR 之外，被调试的芯片或 PCB 还需要有一个 TAP，用来与宿主机进行通信，让宿主机上的调试程序可以读 / 写 BSR 中的内容。这样宿主机就可以方便地观察和控制需要调试的电路和芯片。

2. JTAG 标准

JTAG 是 IEEE 的一个下属组织，任务是研究 TAP 和边界扫描结构的标准。JTAG 的研究成果被接纳为 IEEE 1149.1—1990 标准，成为电子行业片上调试技术的一种国际标准，用于芯片和电路板的测试。人们通常用 JTAG 来表示满足 IEEE 1149.1—1990 的边界扫描测试方法和 TAP（称为 JTAG 接口）。

JTAG 标准中规定 TAP 使用以下 5 个信号线。

（1）TCK：时钟信号线，为 TAP 控制器提供 10~100MHz 的时钟信号（取决于芯片）。

（2）TMS：模式选择信号线，它与 TCK 配合，用于设置 TAP 控制器的工作状态。

（3）TDI：数据输入信号线，所有输入 BSR 的数据均由此一位一位地串行输入，由 TCK 信号驱动，每位 10~100ns。

（4）TDO：数据输出信号线，所有从 BSR 输出的数据均由此一位一位串行输出，由 TCK 信号驱动，每位 10~100ns。

（5）TRST：复位信号线，用来使 TAP 控制器复位。这个信号是可选的，因为 TMS 信号也可以使 TAP 控制器复位。

图 2-5 是一款 CPU 内部的 JTAG 逻辑结构，以及以它为内核开发的目标机上的 JTAG 接口电路。目前 JTAG 接口可以有 20 引脚、14 引脚或 10 引脚等几种不同的形式。图 2-5（b）中的 JTAG 接口（JP1）设计为 10 引脚的插座；R1 是 4 个阻值为 10kΩ 的电阻，起电平上拉作用；复位信号 nTRST 由 JTAG 适配器提供。

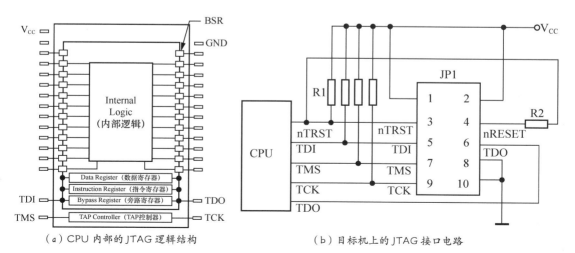

（a）CPU 内部的 JTAG 逻辑结构　　　　（b）目标机上的 JTAG 接口电路

图 2-5　CPU 内部的 JTAG 逻辑结构及目标机 JTAG 接口电路

JTAG 标准允许多个芯片（电路）的 BSR 通过 JTAG 接口串联在一起，实现对多个器件的测试。串联起来的边界扫描链包含的串行数据流可能长达几百位。例如，一个典型的嵌入式微处理器核内部就包含 3 根边界扫描链，如图 2-6 所示。

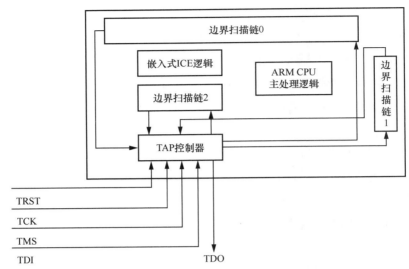

图 2-6　一个典型的嵌入式微处理器核内部的 JTAG 调试架构

支持片上调试技术 JTAG 的芯片或电路板中通常还有一个 TAP 控制器。JTAG 标准规定，TAP 控制器中有两种寄存器：数据寄存器（Data Register，DR）和指令寄存器（Instruction Register，IR）。边界扫描链属于数据寄存器。指令寄存器可以接收由 JTAG 接口发送的命令，控制测试电路的工作模式和对数据寄存器进行的操作。TAP 控制器可以执行的命令有：读取芯片的标识，对输入引脚采样，驱动（或悬空）输出引脚，操控芯片功能，或者将 TDI 与 TDO 连通，在逻辑上短接某个链路（称为旁路操作）等。这些都是通过 TCK 和 TMS 信号状态的改变来实现的。

以 TAP 对边界扫描链内容进行存取为例，其过程大体如下。

（1）通过指令寄存器选择一个需访问的边界扫描链（数据寄存器）。

（2）被选择的边界扫描链连接到 TDI 和 TDO 之间。

（3）由时钟信号 TCK 驱动，通过 TDI 把宿主机经 JTAG 适配器送出的数据输入选定的 BSR 单元（数据寄存器单元）中；或者通过 TDO 把选定的 BSR 单元中的数据读出，经 JTAG 适配器送到宿主机。

注意，边界扫描链中的数据是在 TCK 时钟脉冲的驱动下分别由 TDI 和 TDO 引脚一位一位地串行输入或输出的，经过与边界扫描链长度相等个数的时钟脉冲之后，整个边界扫描链的数据才能全部存取完毕。

3. JTAG 适配器（JTAG 仿真器）

现在，大多数嵌入式 CPU、DSP、FPGA 等器件都支持 JTAG 标准。以基于 ARM 内核的嵌入式系统开发为例，利用宿主机上集成开发环境中的调试软件，通过 JTAG 适配器和 JTAG 接口（TAP）与目标机连接，开发人员就可以通过 JTAG 接口访问 CPU 的内部寄存器和挂在 CPU 总线上的设备，如 Flash、RAM 以及 SoC（System on Chip，片上系统）内置模块（如 UART、Timer、GPIO 等的寄存器），达到调试的目的。调试架构如图 2-7（a）所示。

图 2-7（b）中的 JTAG 适配器有时也称为 JTAG 仿真器，宿主机可以使用并口、USB、以太网、Wi-Fi 等多种接口与它连接。它的作用是将宿主机调试软件中的调试命令解析成 TAP 的信号时序（这个过程称为"协议转换"），以设置 TAP 控制器的工作状态，控制对 BSR 的操作。

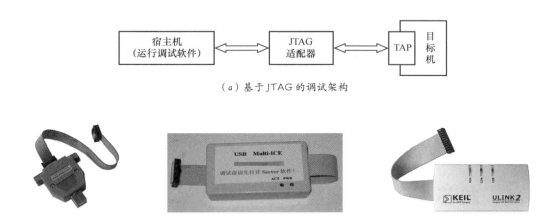

（a）基于 JTAG 的调试架构

（b）几种不同的 JTAG 适配器

图 2-7 基于 JTAG 的调试架构和 JTAG 适配器

使用 JTAG 进行嵌入式系统的调试，无须目标存储器，也不占用目标机的任何 I/O 端口。运行在宿主机上的调试软件，通过目标机 CPU 芯片的 JTAG 接口以及内嵌的调试电路，通常可以完成以下工作：

（1）实时地设置基于指令地址值或基于数据值的断点；

（2）控制程序单步执行；

（3）访问并控制 CPU 内核；

（4）访问系统中的存储器；

（5）访问 I/O 系统。

由于程序调试时不占用目标机的资源，因此目标机的初始启动程序的调试、硬件接口的调试一般都采用 JTAG。至于裸机状态的目标机，当然更需要采用 JTAG 调试方式了。

JTAG 适配器不仅是程序调试的重要工具，也是软件固化的工具。软件固化通常需要借助专用的烧写工具及烧写软件来实现。目前，市场上有多种烧写工具及烧写软件。对于不支持 JTAG 标准的嵌入式 CPU（如 MCS-51 单片机），其软件固化通常要使用称作"编程器"的设备来进行。而对于支持 JTAG 标准的嵌入式 CPU，例如图 2-5 中的目标机，通过接口 JP1 连接一个简易的 JTAG 适配器，借助宿主机上的调试软件和烧写软件，先把能正确运行的启动引导程序烧写到 Flash 芯片中，待启动引导程序（其中必须包含串口通信程序和以太网通信程序）正常运行后，再通过串口（软件用超级终端）或者以太网接口 [软件用 TFTP（Trivial File Transfer Protocol，简易文件传送协议）] 下载并烧写其他程序代码，即可完成目标机的初始程序调试和软件固化工作。

4. EJTAG 标准

龙芯 1B 芯片的调试接口采用的是 EJTAG（Enhanced Joint Test Action Group）标准的调试接口。EJTAG 是 MIPS 公司根据 JTAG 的基本构造和功能扩展制定的规范标准，所有 MIPS 的微处理器均支持利用 EJTAG 接口调试硬件。EJTAG 利用 TAP 访问方式，将测试数据输入微处理器核，或者从微处理器核输出。它不需要与微处理器核紧密结合，但微处理器核需要提供调试寄存器、进入调试模式、在调试模式下执行指令的能力。实际上 EJTAG 是通过微处理器的一个例外（中断）来实现的，这个例外被称为调试例外，其优先级是最高的。

EJTAG 实现的功能包括：

（1）访问微处理器的寄存器；

（2）访问系统主存储器空间；

（3）设置软件 / 硬件断点；

（4）单步 / 多步执行。

2.2 龙芯 1B 微处理器体系结构

龙芯微处理器是我国自主研制的高性能通用微处理器芯片，它于 2001 年在中国科学院计算技术研究所开始研发。2010 年，中国科学院和北京市政府共同牵头，成立龙芯中科技术有限公司（现龙芯中科技术股份有限公司，简称龙芯中科），该公司致力于将龙芯微处理器的研发成果产业化。目前龙芯微处理器芯片包括 3 个系列，分别为龙芯 1 号、龙芯 2 号、龙芯 3 号，龙芯 1B 微处理器（龙芯 1B 芯片）属于龙芯 1 号。本节将详细介绍龙芯 1B 芯片的体系结构。

2.2.1 龙芯微处理器芯片的系列及特点

龙芯 1 号最早于 2002 年研发成功，主频从 8MHz 到 266MHz 不等，是单核 32 位低功耗、低成本处理器，采用 5 级流水线结构，是一款面向专门应用的处理器。龙芯 1 号定制 SoC 系列使用 32 位低功耗龙芯处理器 IP，集成 GPU（Graphics Processing Unit，图形处理单元）以及丰富的外围设备接口，可应用于工业控制、移动信息终端等嵌入式应用及某些专业应用，目前主要产品包括龙芯 1A、龙芯 1B、龙芯 1C、龙芯 1E 和龙芯 1F 等。

龙芯 1B 属于龙芯 1 号系列微处理器，采用了 0.13μm 工艺，是轻量级的单核 32 位 SoC。该芯片的主要特点是：

（1）片内集成 GS232 处理器核；

（2）具有 16 位或 32 位 DDR2 存储器接口；

（3）具有 NAND Flash 存储器接口；

（4）具有 61 路 GPIO；

（5）具有 SPI、UART、USB、CAN、以太网等常用接口。

龙芯 1B 芯片内部的这些部件通过多级总线连接起来，能很好地支持不同频率的部件之间相互通信。因此在数据采集、网络应用等方面，龙芯 1B 可以出色地完成任务，同时具有高性价比，以及国产芯片更安全的特性。

龙芯 2 号系列的主频相比龙芯 1 号有了巨大的提升，为 800MHz~1GHz，是单核或多核 64 位的处理器，采用四发射乱序执行的微体系架构，是面向工业控制和终端应用的处理器。所以龙芯 2 号更偏向于低功耗设计，其功耗最高仅有 5W，目前主要产品包括龙芯 2K1000、龙芯 2G1500 等。

龙芯 3 号偏向于高性能设计，面向桌面、服务器类应用，采用四发射 64 位处理器核，主频达到 1GHz 以上，其性能足以满足日常办公需求，目前主要产品包括龙芯 3A4000、龙芯 3B4000、龙芯 3A5000 等。龙芯第三代产品龙芯 3A4000 通过微结构的优化，使用新的 GS464v 微处理器核及核外部件，整体性能是 3A3000 的两倍，片内增加 256 位向量指令及片内安全机制，通过微结构优化进一步提高流水线效率。龙芯 3A4000 的主频达到 2GHz，从单核性能来看，经过 GS464v 架构的设计优化，龙芯 3A4000 每吉赫兹的单核 SPEC CPU 2006 的性能接近世界主流水平，已经不低于 ARM 用于服务器的高端处理器、Intel 的低端系列（凌动）处理器以及威盛处理器等。龙芯 3A5000 和龙芯 3C5000L 也已发布，它们均基于龙芯中科自主研发的 LoongArch 指令集架构。龙芯 3A5000 的主频为 2.3~2.5GHz，拥有 4 个微处理器核，较龙芯 3A4000 的性能提升 50%，功耗降低 30%，达到国际主流微处理器水平，是面向桌面计算的 CPU。龙芯 3C5000L 由 4 个龙芯 3A5000 封装，拥有 16 个微处理器核，是面向服务器应用的 CPU。

2.2.2　龙芯 1B 芯片的总体结构

龙芯 1B 芯片是基于 GS232 处理器核的，全兼容 MIPS32 指令集，片内集成了丰富的外围设备接口。芯片按照工业级标准生产，具有高性价比、高性能、低功耗、完全自主可控的优势，可用于工业控制、医疗仪器及设备、信息家电等领域。

龙芯 1B 芯片内部的顶层结构如图 2-8 所示。其内部功能模块是通过 XBAR 和 AXI-MUX 交叉开关互连，其中 GS232 处理器核、DC、AXI_MUX 作为 XBAR 的主设备连接到系统；DC、AXI_MUX 和 DDR2 作为 XBAR 的从设备连接到系统。DC、AXI-MUX 既可作为主设备，又可作为从设备。在 AXI_MUX1、AXI-MUX2 内部实现了多个 AHB 和 APB 模块到顶层 AXI-MUX 交叉开关的连接；其中 AXI-MUX1、AXI-MUX2、GMAC0、GMAC1、USB、APB 既可以作为主设备访问 XBAR，又可以作为从设备被主设备访问。在 APB 内部实现了系统对内部 APB 接口设备的访问，这些设备包括 RTC、PWM、I²C、CAN、NAND、UART 等。

从图 2-8 我们可以看到，龙芯 1B 芯片内部主要包含以下功能模块。

● GS232 处理器核。GS232 处理器核使用的指令集架构为 MIPS32，并在 MIPS32 的基础上增加了部分拓展指令，主频达到了 300MHz；采用四路组相联的 8KB 的指令 Cache（高速缓存）和 8KB 的数据 Cache，支持非阻塞的 Cache 访问技术；支持向量中断，兼容且支持 EJTAG 调试。

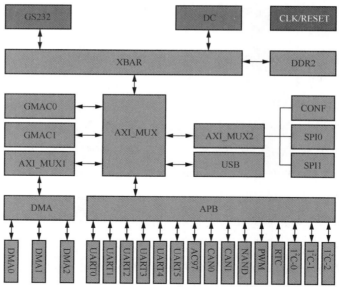

图 2-8　龙芯 1B 芯片内部的顶层结构

● DDR2 控制器。DDR2 控制器一共含有 18 根地址总线，其中行和列地址线 15 根，逻辑 Bank 信号线 3 根；支持的工作频率为 33~133MHz。

● NAND Flash 接口控制器。其支持的最大芯片容量为 32GB，数据宽度为 8 位，页大小为 2048B，具有 4 个片选信号（Chip Select，CS）。

● 中断控制器。可通过软件设置中断，支持边沿和电平触发，可屏蔽或使能中断，中断优先级是固定的。

● 各种 I/O 端口。支持 GPIO、UART、SPI、I²C、显示控制等接口。

● 3 种类型的定时器接口部件。3 种类型的定时器是 PWM 部件、RTC 部件、看门狗部件。

● 2 路自适应以太网控制器（GMAC）。GMAC 支持 10Mbit/s、100Mbit/s、1000Mbit/s 自适应以太网，兼容 IEEE 802.3 协议，支持碰撞检测与重发（CSMA/CD，带有冲突检测的载波侦听多路存取），支持 CRC（Cyclic Redundancy Check，循环冗余校验）码生成及校验。

2.2.3　龙芯 1B 芯片的处理器核寄存器组

龙芯 1B 芯片采用的 GS232 处理器核，其兼容 MIPS32 的体系结构。MIPS32 体系结构定义了许多处理器核使用的寄存器，主要包括 32 个通用寄存器、特殊寄存器 HI 和 LO、程序计数器（Program Counter，PC）等。特殊寄存器 HI 和 LO 用于保存乘法、除法和乘加操作结果，其中，HI 寄存器用于存放乘 / 除运算结果的高位，LO 寄存器用于存放乘 / 除运算结果的低位。程序计数器的作用是取指指针，程序不可直接访问这个寄存器的值。

1. 通用寄存器

龙芯 1B 芯片的处理器核有 32 个通用寄存器，每个寄存器的位数是 32 位。32 个通用寄存器的名称和作用如表 2-2 所示。

表 2-2　通用寄存器的名称和作用

寄存器名称	别名	作用
R0	zero	其值始终为 0，设置该寄存器的目的是提高效率，以及清零等操作
R1	at	保留给汇编器使用
R2~R3	v0~v1	用于存放函数的返回值
R4~R7	a0~a3	用于传递函数参数
R8~R15	t0~t7	临时寄存器，子程序使用它们时不会保存及恢复它们的值
R16~R23	s0~s7	保留寄存器，子程序使用它们时会保存及恢复它们的值
R24~R25	t8~t9	临时寄存器，子程序使用它们时不会保存及恢复它们的值
R26~R27	k0~k1	用于例外（异常）处理程序中，保存一些系统参数
R28	gp	全局指针，这是一个辅助性的寄存器
R29	sp	堆栈指针
R30	s8/fp	帧指针，这个寄存器的作用也不固定，根据编译器来确定其作用
R31	ra	保存子程序的返回地址

表 2-2 中所列出的寄存器，除 R0 之外，均可以在汇编编程中用作普通数据的读 / 写寄存器，因此它们被称为通用寄存器。下面对表 2-2 中部分寄存器的作用再做进一步的说明。

（1）寄存器 R8~R15、R24~R25。这些寄存器又被称为临时寄存器，是 MIPS 汇编指令编程中常用的通用寄存器，通常用作加载 / 存储指令、计算指令、移位指令、比较指令中数据存取的寄存器，它们适用于保存一些临时数据。

（2）寄存器 R16~R23。这些寄存器又被称为保留寄存器，也是 MIPS 汇编指令编程中常用的通用寄存器。这些寄存器作为寄存器变量，在使用时，若遇到子程序调用，需要在进入子程序时进行压栈，在子程序返回前出栈。

（3）寄存器 R26~R27，其中 R26 又被称为 k0，R27 又被称为 k1。这两个寄存器是专用于异常处理程序中的。k0 是在异常产生后进入异常处理程序时，保存异常结束后的返回地址，在异常处理程序最后可以用指令 jr k0 控制返回。k1 用于记录异常嵌套深度，没有异常时，k1 值是 0，每进入一次异常 k1 值加 1，每退出一次异常 k1 值减 1。

（4）寄存器 R31，该寄存器用于保存子程序的返回地址。在汇编语言编程中，子程序调用语句通常用指令 jal sub1。jal 指令在执行时，会把该指令的存储地址加 4 后赋给 R31（ra）寄存器，然后程序跳转到标号 sub1 的地址处执行，子程序返回时，通常用指令 jr ra 来实现。

2. CP0 中的寄存器

MIPS32 体系结构中的 CP0 协处理器，是除处理器核之外，另一个非常重要的体系结构部件，是 MIPS32 体系结构的芯片必须实现的逻辑，它辅助微处理器核完成 MMU（Memory Management Unit，存储管理部件）、异常响应及处理、中断允许与屏蔽、计数 / 定时器等功能，以及控制微处理器核的状态改变并报告微处理器核的当前状态。CP0 协处理器内部包含 32 个独立于通用寄存器的专用寄存器，访问这些寄存器需要使用 CP0 指令 MFC0 和 MTC0。表 2-3 所示是 CP0 中的寄存器。

表 2-3　CP0 中的寄存器

序号	寄存器名称	作用
0	Index	指定需要读 / 写的 TLB（Translation Lookaside Buffer，转译后备缓冲器）表项，作为 MMU 的索引
1	Random	TLB 替换的伪随机计数器
2	EntryLo0	TLB 表项低半部分中对应于偶虚页的内容（主要是物理页号）
3	EntryLo1	TLB 表项低半部分中对应于奇虚页的内容（主要是物理页号）
4	Context	32 位寻址模式下指向内核的虚拟页转换表
5	Page Mask	设置 TLB 页大小的掩码值，用于 MMU 中分配内存页大小
6	Wired	固定连线的 TLB 表项数目
7	HWREna	读硬件寄存器时用到的掩码位
8	BadVaddr	错误的虚地址
9	Count	计数器，其计数频率是系统主频的 1/2
10	EntryHi	TLB 表项高半部分内容【虚页号和 ASID（Adress Space ID，地址空间 ID）】
11	Compare	计数器比较。当 Compare 的值和 Count 的值相等时，会触发一个硬件中断
12	Status（select0）	状态控制寄存器
	IntCtl（select1）	控制扩展的中断功能
13	Cause	最近一次发生例外（或称异常）的原因
14	EPC	异常程序计数器，用于保存例外发生时的系统正在执行的指令地址
15	PRID	保存微处理器的版本信息，该寄存器只读，不能写入
16	Config	配置寄存器
17	LLAddr	链接读内存地址
18	WatchLo	断点地址寄存器
19	WatchHi	断点地址寄存器
20~22	—	保留
23	Debug	调试地址寄存器
24	DEPC	EJTAG debug 异常程序计数器
25	Per_Counter	性能计数器
26~27	—	保留
28	TagLo	用于 Cache 管理
29	TagHi	用于 Cache 管理
30	ErrorEPC	错误异常程序计数器
31	DESAVE	EJTAG debug 异常保存寄存器

下面对表 2-3 中几个常用的寄存器进行介绍。

（1）Count 寄存器。Count 寄存器是一个可读 / 写的 32 位寄存器，用作计数器 / 定时器。其计数器是加 1 计数器；当用作定时功能时，对 CPU 的时钟脉冲进行计数，每 2 个 CPU 时钟计数值加 1。Count 寄存器和 Compare 寄存器配合使用时，可以产生微秒级或者毫秒级的计时中断。

（2）Compare 寄存器。Compare 寄存器是一个可读 / 写的 32 位寄存器，作为比较值存储的寄存器。也就是说，当 Compare 寄存器写入一个值后，它就会不断地与 Count 寄存器的计数值进行比较，当这两个寄存器的值相等时，就会产生一个中断请求。因此，在应用时，可以首先根据 CPU 时钟频率计算 Count 寄存器每微秒或毫秒的增量，每次 Compare 寄存器中断触发时使一个 static int 变量加 1，该 int 变量即微秒数或毫秒数，之后将 Compare 寄存器的值加上每微秒或毫秒的增量，在下一微秒或毫秒时再次触发中断，进而实现微秒或毫秒定时。

（3）Status 寄存器。Status 寄存器是一个可读 / 写的 32 位寄存器，它用于设置操作模式、设置中断允许位、设置协处理器是否可用等。复位时，Status 寄存器的值是 0x00400004。Status 寄存器的格式如图 2-9 所示，格式中的每个功能域的含义如表 2-4 所示。

31~28	27	26	25	24	23	22	21	20	19~16	15~8	7~5	4~3	2	1	0
CU (CU3~CU0)	0	0	0	0	0	BEV	0	SR	0	IM（IM7~IM0）	0	KSU	ERL	EXL	IE

图 2-9　Status 寄存器的格式

表 2-4　Status 寄存器中每个功能域的含义

位	功能域符号	功能域的含义	初始值
31~28	CU（CU3~CU0）	控制协处理器是否可用，1 表示相应协处理器可用，0 表示不可用（无论 CU0 是否为 0，协处理器 CP0 均可用）	0011
27~23	0	保留	00000
22	BEV	控制异常向量的入口地址，1 表示异常向量入口地址转移到非缓冲内存地址空间，0 表示正常	0
21	0	保留	0
20	SR	软复位异常发生状态位，1 表示发生，0 表示未发生	0
19~16	0	保留	0000
15~8	IM（IM7~IM0）	中断屏蔽，1 表示相应的中断允许，0 表示相应的中断被禁止	00000000
7~5	0	保留	0
4~3	KSU	模式位，11 表示未定义，10 表示普通用户，01 表示超级用户，00 表示核心用户	00
2	ERL	错误级，当发生复位、软件复位、NMI 或 Cache 错误时置位，1 表示错误，0 表示正常	0
1	EXL	异常级，当一个不是复位、软件复位、NMI 或 Cache 错误引发的异常产生时，该位置为 1，0 表示正常	0
0	IE	中断使能，1 表示使能中断，0 表示禁止所有中断	0

（4）Cause 寄存器。Cause 寄存器是一个可读 / 写的 32 位寄存器，该寄存器用 5 位二进制位来描述最近一次例外发生的原因。其格式如图 2-10 所示，格式中的每个功能域的含义如表 2-5 所示。

31	30	29~28	27	26	25~24	23	22~16	15~8	7	6~2	1~0
DB	TI	CE	DC	PCI	0	IV	0	IP7~IP0	0	ExcCode	0

图 2-10　Cause 寄存器的格式

表 2-5　Cause 寄存器中每个功能域的含义

位	功能域符号	功能域的含义
31	BD	最后采用的异常是否在分支延时槽中，1 表示在，0 表示不在
30	TI	确认异常是否由内部定时器中断引起，1 表示是，0 表示不是
29~28	CE	当发生协处理器不可用异常时协处理器的单元编号
27	DC	指示是否关掉 Count 寄存器，1 表示关掉，0 表示不关掉
26	PCI	用来指示是否有待处理的 PC 中断
25~24	0	保留
23	IV	指示中断向量是否用普通的向量，1 表示是，0 表示不是
22~16	0	保留
15~8	IP7~IP0	中断状态位，相关中断产生后将置位。其中 IP1、IP0 对应软中断，它们可以被软件置位和清除。1 表示相应中断产生，0 表示没有中断
7	0	保留
6~2	ExcCode	异常发生的原因（具体的原因见表 2-6）
1~0	0	保留

表 2-6　异常发生的原因及其功能码

功能码	例外符号	描述
0	INT	中断（通常指外部中断请求引起的例外）
1	MOD	TLB 修改例外
2	TLBL	TLB 例外（读或者取指令）
3	TLBS	TLB 例外（写或者存储）
4	ADEL	地址错误例外（读或者取指令）
5	ADES	地址错误例外（写或者存储）
6	IBE	总线错误例外（取指令）
7	DBE	总线错误例外（数据读 / 写）
8	SYS	系统调用例外
9	BP	断点例外
10	RI	保留指令例外

续表

功能码	例外符号	描述
11	CPU	协处理器不可用例外
12	OV	算术溢出例外
13	TR	陷阱例外
14	—	保留
15	FPE	浮点例外
16~22	—	保留
23	WATCH	WATCH 例外
24~31	—	保留

2.2.4　龙芯 1B 微处理器的中断机制

MIPS 体系结构中，中断是异常机制中的一种情况。MIPS 的例外有时又称为异常，它指的是由内部或外部产生一个引起微处理器核处理的事件。换句话说，也就是指正常的程序执行流程被暂时中断而引发的过程。例如，外部中断请求信号会引起一个异常产生，TLB 缺失也会引起一个异常产生。

1. 中断机制的原理

在嵌入式系统中，控制 I/O 端口或部件的数据传输方式有两种：程序查询方式和中断方式。

程序查询方式是由微处理器核周期性地执行一段查询程序来读取 I/O 端口或部件中状态寄存器的内容，并判断其状态，从而使微处理器核与 I/O 端口或部件在进行数据、命令传输时保持同步。在有多个 I/O 端口或部件的系统中，查询的顺序确定了 I/O 端口或部件的优先权。

程序查询方式下，微处理器核的效率是非常低的，因为微处理器核要花费大量的时间测试 I/O 端口或部件的状态。同时，I/O 端口或部件的数据也不能得到实时的处理，因为当某个 I/O 端口或部件需要传输数据时，微处理器核并没有执行到对它进行查询的指令，它的数据就不能传输。弥补上述缺点的方法是采用中断方式。

中断方式比程序查询方式具有更好的实时性。中断方式是指 I/O 端口或部件在完成了一个 I/O 操作后，产生一个信号给微处理器核，这个信号叫作"中断请求"信号；微处理器核响应这个请求信号，停止其当前的程序操作，而转向对该 I/O 端口或部件进行新的读 / 写操作。即中断发生时，程序计数器的值发生变化，指向一个管理 I/O 端口或部件的中断服务程序，完成向 I/O 端口或部件写一个数据或者从 I/O 端口或部件读取刚准备好的数据。中断时保留系统被中断时的程序计数器的值，以便微处理器核在完成中断服务程序后，能够返回到被中断的地方继续向下执行。

大多数嵌入式系统中不止一个中断源，因此必须有一种机制允许多个中断源产生中断请求信号。给每个中断源分别提供一组中断请求信号线和中断应答信号线是不现实的，因此通常采用中断优先级和中断向量的方法来控制与识别中断源。

中断优先级机制保证了两个或两个以上中断源同时申请中断时，最高优先级的中断被响应，而所有低优先级的中断均被挂起。当一个中断被响应后，其优先级标志被存储在内部寄存器中，如果后面还有一个中断请求，优先级判别电路将把该中断的优先级与先前保存在内部寄存器中的优先级进行比较，若新来的中断优先级高，则新来的中断请求被响应。

中断向量是用于识别中断源的一种机制。若一个系统有多个中断源，那么当中断请求信号到来时，微处理器必须判断它是哪个中断源提出的中断请求，以便转移到相应的中断服务程序执行。中断向量实际上就是中断服务程序的入口地址的索引。中断向量通常有两种形式：一种是微处理器对各种中断源规定了固定的中断向量，当某个中断请求被响应后，微处理器自动转移到对应的中断向量处执行程序；另一种是不固定的中断向量，中断向量存储在 I/O 部件中，当其中断请求被响应后，设备向微处理器发送中断向量来迫使微处理器的 PC 指向其中断向量处。后一种方法更灵活，I/O 部件仅仅通过修改存储在其中的中断向量就可以获得一个新的中断服务程序，而不必直接修改中断服务程序。

2. GS232 处理器核的异常机制

在 2.2.2 小节中，我们已经了解到龙芯 1B 芯片内部集成了 GS232 处理器核，以及许多 I/O 部件。I/O 部件可以采用中断的方式来控制其数据读 / 写。龙芯 1B 芯片的 I/O 部件中断处理采用了两级处理方式，一级是 GS232 处理器核的异常处理机制，另一级是接口部件的中断控制寄存器。

GS232 处理器核的异常包括 6 个硬件异常和 2 个软件异常。异常产生后，由 Cause 寄存器中的 IP0~IP7 位来记录其状态，其中 IP0~IP1 对应 2 个软件异常，IP2~IP7 对应 6 个硬件异常 HW0~HW5。图 2-11 是 GS232 处理器核的异常逻辑结构。

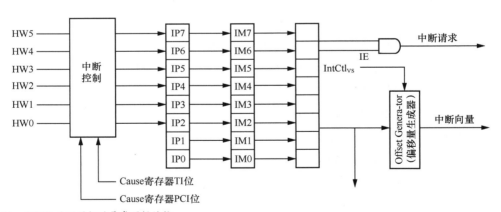

图 2-11　GS232 处理器核的异常逻辑结构

从图 2-11 中可以看到，当硬件异常（HW0~HW5）中有一个异常产生时，将会对 Cause 寄存器中相应的 IP 位置 1。若 Cause 寄存器中有任何一个 IP 位被置 1，那么将引发一个微处理器核异常，即产生中断请求信号。正常引发微处理器核异常，需要同时满足以下条件。

● 有 I/O 部件产生的中断请求信号，即 Cause 寄存器中相应的 IP 位被置 1。

● Status 寄存器中的 IE 位被置 1。

● Status 寄存器中的 EXL 位和 ERL 位被置 0。如果它们中的任何一个为 1，则会禁止任何中断。

而且每一次中断（CPU 异常）成功触发后，它们中的某一个会自动置 1。所以要注意在一个异常结束前，要将这两位都清零。

● Status 寄存器中的 IM0~IM7 对应 Cause 寄存器中的 IP0~IP7，是其异常允许 / 屏蔽位，若要允许某 IP 位异常，则对应的 IM 位必须置 1。

● Debug 寄存器中的 DM 位被置 0。

GS232 处理器核的异常支持向量模式。向量模式是在普通模式的基础上，增加对 8 个异常的优先级排序，且各个异常分配特定的异常向量地址。8 个异常向量及优先级如表 2-7 所示。

表 2-7　8 个异常向量及优先级

中断源符号	异常向量号	中断类型	优先级	中断请求的计算来源
HW5	7	硬件中断	最高	Cause IP7 & Status IM7
HW4	6	硬件中断		Cause IP6 & Status IM6
HW3	5	硬件中断		Cause IP5 & Status IM5
HW2	4	硬件中断		Cause IP4 & Status IM4
HW1	3	硬件中断		Cause IP3 & Status IM3
HW0	2	硬件中断		Cause IP2 & Status IM2
SW1	1	软件中断		Cause IP1 & Status IM1
SW0	0	软件中断	最低	Cause IP0 & Status IM0

从表 2-7 中我们可以知道 6 个硬件异常可以被独立地响应，且有各自的优先级。软件异常的优先级要低于所有硬件异常的优先级。当有 2 个异常同时产生时，仅处理具有最高优先级的异常，且根据其对应的异常向量号来计算这个异常的向量地址。

异常向量地址的计算，主要是计算出对应该异常的向量地址偏移量。异常向量地址的基地址是 0x200，各异常向量地址偏移量如表 2-8 所示。

表 2-8　各异常向量地址偏移量

异常向量号	控制寄存器 IntCtl 的 VS 域				
	0b00001	0b00010	0b00100	0b01000	0b10000
0	0x200	0x200	0x200	0x200	0x200
1	0x220	0x240	0x280	0x300	0x400
2	0x240	0x280	0x300	0x400	0x600
3	0x260	0x2c0	0x380	0x500	0x800
4	0x280	0x300	0x400	0x600	0xa00
5	0x2a0	0x340	0x480	0x700	0xc00
6	0x2c0	0x380	0x500	0x800	0xc00
7	0x2e0	0x3c0	0x580	0x900	0xc1000

3. 龙芯 1B 芯片的中断控制器

对龙芯 1B 芯片中的 I/O 部件和外部中断请求信号来说，中断的响应分成两级，一级是 GS232 处理器核的异常响应，另一级是芯片内置的一个简单、灵活的中断控制器。龙芯 1B 芯片的中断控制器除了管理 GPIO 输入的中断请求信号外，还处理内部事件引起的中断。所有的中断寄存器的位域相同，一个中断源对应其中一位。中断控制器共有 4 个中断输出连接到 GS232 处理器核，这 4 个中断输出分别为 INT0、INT1、INT2、INT3，如表 2-9 所示。该中断控制器可支持 64 个芯片内部 I/O 部件中断（实际只有 19 个）和 64 个芯片外部 GPIO 引脚中断（即芯片外部的中断请求信号，实际只有 61 个）。其中 INT0 和 INT1 分别对应 64 个芯片内部 I/O 部件中断，INT2 和 INT3 分别对应 64 个芯片外部 GPIO 引脚中断。

表 2-9 中断控制器的 4 个中断输出的对应关系

	INT0	INT1	INT2	INT3
31	保留	保留	保留	保留
30	UART5	保留	GPIO30	保留
29	UART4	保留	GPIO29	GPIO61
28	TOY_TICK	保留	GPIO28	GPIO60
27	RTC_TICK	保留	GPIO27	GPIO59
26	TOY_INT2	保留	GPIO26	GPIO58
25	TOY_INT1	保留	GPIO25	GPIO57
24	TOY_INT0	保留	GPIO24	GPIO56
23	RTC_INT2	保留	GPIO23	GPIO55
22	RTC_INT1	保留	GPIO22	GPIO54
21	RTC_INT0	保留	GPIO21	GPIO53
20	PWM3	保留	GPIO20	GPIO52
19	PWM2	保留	GPIO19	GPIO51
18	PWM1	保留	GPIO18	GPIO50
17	PWM0	保留	GPIO17	GPIO49
16	保留	保留	GPIO16	GPIO48
15	DMA2	保留	GPIO15	GPIO47
14	DMA1	保留	GPIO14	GPIO46
13	DMA0	保留	GPIO13	GPIO45
12	保留	保留	GPIO12	GPIO44
11	保留	保留	GPIO11	GPIO43
10	AC97	保留	GPIO10	GPIO42
9	SP11	保留	GPIO09	GPIO41
8	SP10	保留	GPIO08	GPIO40

	INT0	INT1	INT2	INT3
7	CAN1	保留	GPIO07	GPIO39
6	CAN0	保留	GPIO06	GPIO38
5	UART3	保留	GPIO05	GPIO37
4	UART2	保留	GPIO04	GPIO36
3	UART1	GMAC1	GPIO03	GPIO35
2	UART0	GMAC0	GPIO02	GPIO34
1	保留	OHCI	GPIO01	GPIO33
0	保留	EHCI	GPIO00	GPIO32

　　龙芯 1B 芯片中断控制器的 4 个部分，分别拥有互相独立的 6 个与中断控制相关的 32 位寄存器，每一部分的优先级都可由软件控制，配置十分灵活。中断相关的寄存器如表 2-10 所示。

表 2-10　中断相关的寄存器

寄存器名称	功能	INT2 寄存器地址	INT3 寄存器地址
中断状态寄存器	指示目前处于等待状态的中断	0xbfd01070	0xbfd01088
中断使能寄存器	控制中断的开与关	0xbfd01074	0xbfd0108c
中断置位寄存器	写入 1 可生成中断	0xbfd01078	0xbfd01090
中断清空寄存器	写入 1 可清空中断	0xbfd0107c	0xbfd01094
边沿触发使能寄存器	控制中断的触发方式	0xbfd01080	0xbfd01098
高电平触发使能寄存器	控制中断触发的电平状态	0xbfd01084	0xbfd0109c

　　表 2-10 中的边沿触发使能寄存器用于设置中断请求信号是否为边沿触发。当其写入 1 时为边沿触发，写入 0 时为电平触发。高电平触发使能寄存器的作用是：当中断方式为边沿触发时，写入 1 为上升沿触发，写入 0 为下降沿触发；当中断方式为电平触发时，写入 1 为高电平触发，写入 0 为低电平触发。

4．龙芯 1B 芯片的中断编程模式

　　嵌入式系统中经常采用中断方式来控制 I/O 部件或 I/O 外围设备的数据读取或写入，因此中断编程是嵌入式系统开发者需要掌握的知识。不同的微处理器，由于其中断机制不同，因此中断编程模式也不同。但无论哪种微处理器，中断编程的总体架构是一致的，即中断编程总体要完成的工作包括以下内容。

　　（1）设置中断（异常）向量表。需要根据微处理器核采用的是固定向量还是可变向量、向量之间的间隔字节有多少等来设置。

　　（2）编写初始化程序，对中断控制部件中的相关寄存器进行初始化。

　　（3）编写中断（异常）服务程序，完成中断产生后需要完成的任务。

　　具体到龙芯 1B 芯片，其中断编程需要完成以下任务。

（1）初始化 CP0 的 Status 寄存器中与中断（异常）有关的位，允许产生相关异常。如 IE 需置 1、EXL 需置 0、ERL 需置 0，以及 IM7~IM0 需置 1 等。

（2）读取 CP0 的 Cause 寄存器值，根据其中相应 IP 位是否为 1 来确定向量地址，以便转移到向量地址处执行。

（3）初始化中断控制器的相关寄存器，如中断使能寄存器、边沿触发使能寄存器、高电平触发使能寄存器等。

（4）读取中断状态寄存器，查看相应的中断源，以便转移到相应的中断服务程序处执行。

（5）根据实际需求编写相关的中断服务程序。注意：在中断服务程序返回之前，需要通过写对应的 INT_CLR 来清除 CPU 中断控制器内部的对应中断状态。

具体的外部中断编程示例，请参见 7.4 节中的程序。

2.3 板级总线

总线是把微处理器核与存储器、I/O 端口以及外围设备相连接的信息通道，但总线并不仅仅指的是一束信号线，还应包含相应的通信协议和规则。由于嵌入式系统采用的微处理器芯片大多是高集成度的 SoC，芯片内部除了微处理器核外，还集成了许多片内存储器、I/O 部件，因此，在微处理器芯片内部就需要高性能的总线，以把这些部件连通。

在嵌入式系统中，按照使用场合的不同，我们可以把总线分成片上总线、板级总线、系统级总线等几类。片上总线即微处理器芯片内部的总线，典型的如 ARM 公司推出的 AMBA（Advanced Microcontroller Bus Architecture，高级微控制器总线架构）。板级总线是指板卡中芯片与芯片之间，或者板卡与板卡之间的连接总线，有的地方又称其为内总线，典型的如 PC/104 总线、PCI（Peripheral Component Interconnect，外部组件互连）总线等。但是由于嵌入式系统受到应用条件的约束，特别是体积方面的约束，因此在构建板级目标系统时，往往并未采用标准化的总线，而直接完成芯片与芯片之间的连接总线，如图 2-12 所示。系统级总线是指系统与系统之间的连接总线，典型的如 RS-232 总线、CAN 总线、USB 等。

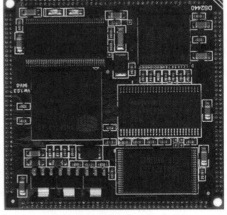

图 2-12 芯片与芯片之间的连接总线

2.3.1 总线的基本功能

嵌入式系统开发在构建硬件平台时所涉及的总线主要是板级总线。板级总线与硬件平台的核心微处理器芯片有关，不同的微处理器芯片其总线是不同的，但它们必须具备以下几个基本功能：

● 提供地址信号、数据信号的传输通道；

● 提供总线定时功能，即同步定时、异步定时或半同步定时，大多数微处理器总线都提供这 3 种定时方式；

● 提供中断机制的仲裁信号通道，即 I/O 端口或设备能通过微处理器总线中的某些信号线向微处理器提出中断请求，并且微处理器可通过信号线向 I/O 端口或设备应答（有的微处理器可能没有中断应答信号线）。

在某些应用场合中，如某些工业设备的控制器中，由于嵌入式系统通常由若干块板卡构造而成，因此板卡与板卡之间就要设计信号连接的通道，即设计板级总线来连通各个板卡。为了方便工业化的生产，便于不同厂家生产的板卡能融合在一个系统中，国际上的一些标准化组织推出了一些总线标准，其中在嵌入式系统中使用的板级总线标准主要有 PC/104 总线、STD（Standard Data，标准数据）总线、PCI 总线等。

2.3.2　龙芯 1B 芯片的信号引脚

对于嵌入式系统的板级目标系统硬件平台设计，主要完成的任务是把微处理器芯片与其他芯片进行有机的连接。以龙芯 1B 芯片为基础进行板级系统的开发时，板级总线为芯片引脚。龙芯 1B 芯片采用 BGA256 封装形式，芯片引脚的排列如图 2-13 所示。

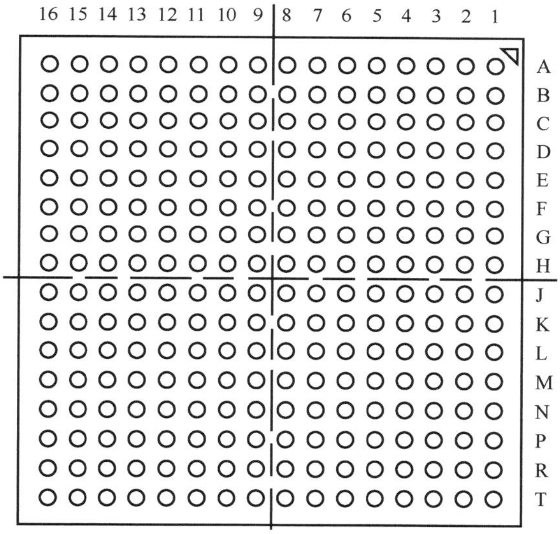

图 2-13　龙芯 1B 芯片引脚的排列

在图 2-13 所示的龙芯 1B 芯片引脚的排列中，A~H、J~N、P、R、T 等 16 个大写字母代表引脚的行，数字 1~16 代表引脚的列。某个具体引脚的序号就以行和列的组合来命名，如 A1 引脚即第 A 行第 1 列的引脚。

按照功能分类，龙芯 1B 芯片的 256 只引脚主要是地址类信号引脚、数据类信号引脚、系统及控制类信号引脚以及 I/O 类信号引脚等。下面对几类主要的信号引脚进行介绍。

（1）DDR 存储器连接类信号引脚。

● DDR2_DQ00~DDR2_DQ31：32 位外部存储器的数据总线，DDR2_DQ00 代表数据线最低位，DDR2_DQ31 代表数据线最高位。

- DDR2_A00~DDR2_A14：15 根外部存储器的地址总线。

- DDR2_RASn 和 DDR2_CASn：行选择信号和列选择信号，低电平有效。

- DDR2_SCSn：片选信号，低电平有效。

- DDR2_BA00~DDR2_BA02：存储器块选择信号。

- DDR2_DQS0~ DDR2_DQS3：I/O 脉冲选通信号。

- DDR2_DQM0~ DDR2_DQM3：写数据屏蔽信号。

- DDR2_CKp、DDR2_CKn、DDR2_CKE：时钟信号。

（2）NAND Flash 连接类信号引脚。

- NAND_D0~NAND_D7：NAND Flash 的 I/O 数据线，一共 8 位。I/O 数据线可以用来传输命令、地址、数据等信息。

- NAND_RD：NAND Flash 的读信号。

- NAND_WR：NAND Flash 的写信号。

- NAND_CLE：NAND Flash 的命令锁存信号。

- NAND_ALE：NAND Flash 的地址锁存信号。

- NAND_CE：NAND Flash 的片选信号。

- NAND_RDY：NAND Flash 的忙信号。

（3）系统及控制类信号引脚。

- XTALI 和 XTAL：外部晶振信号。

- RTC_CKI 和 RTC_CKO：RTC 部件的时钟信号。

- SYS_RSTN：系统复位信号。

（4）I/O 类信号引脚。龙芯 1B 芯片内部集成了许多 I/O 部件，如 UART、SPI、I²C、PWM 等。这些 I/O 部件也有许多引脚，可以和外部的设备进行连接。具体 I/O 部件的引脚将在第 03 章中介绍。

2.3.3 板级总线标准

为了便于在一个嵌入式系统中把不同厂家生产的板卡融合在一起，便于工业化生产，在设计嵌入式系统硬件平台时，会采用一些板级总线标准，如 PC/104 总线、STD 总线、PCI 总线等。

1. PC/104 总线

PC/104 总线是专门为工业控制领域的应用而定义的嵌入式系统总线，它支持采用堆栈结构的总线形式。通过 PC/104 总线，可以把各板卡叠加在一起，从而构建小型的、高可靠性的嵌入式系统，如图 2-14 所示。PC/104 总线是嵌入式系统中应用得比较多的板级总线标准。

图 2-14　基于 PC/104 总线的嵌入式系统

RTD 公司和 AMPRO 公司于 1992 年联合 12 家从事嵌入式系统生产的厂商组建了国际 PC/104 协会，并于 2003 年推出了 PC/104 总线标准，该总线标准得到了众多嵌入式系统厂商的支持。PC/104 总线的特点有：

● 板卡尺寸小型化，仅为 90mm×96mm；

● 堆栈式连接，使得连接可靠、抗震能力强，并可有效地减少系统占用空间；

● 模块可自由扩展，允许设计者互换及配置各种功能板卡。

2. STD 总线

STD 总线也是在工业控制领域使用的一种嵌入式系统板级总线标准，如图 2-15 所示。早在 1987 年，STD 总线就被国际标准化组织批准为国际标准 IEEE 961—1987，到 1989 年又推出了兼容 32 位微处理器的 STD32 总线标准。STD 总线的特点有：

图 2-15　基于 STD 总线的嵌入式系统

● 采用无源母板结构，其他功能板卡（包括微处理器的板）垂直插入母板；

● 支持多处理器系统；

● 易于扩展，维护性好；

● 有 6 根逻辑电源线，4 根辅助电源线，可以做到数 / 模（D/A）电源隔离，抗干扰性能好；

● 具有丰富的 OEM（Original Equipment Manufacture，原厂委托制造）板卡。

3. PCI 总线

通用个人计算机中广泛使用的板级总线标准主要是 PCI 总线。在有些嵌入式系统中，也会采用 PCI 总线作为其板级总线，如图 2-16 所示。PCI 总线的特点是：

图 2-16　基于 PCI 总线的嵌入式系统

● 具有良好的即插即用特性，即板卡插入总线槽时，不会产生硬件资源上的冲突；

● 数据传输高速性，具有非常高的数据传输效率；

● 具有自动配置功能，当 PCI 板卡插入总线系统时，系统将会根据读到的该板卡有关信息，结合系统中的实际情况，为该板卡分配地址、中断请求信号以及某些定时信号；

● 支持地址线和数据线共用一组物理线路的多路复用技术；

● 具有良好的扩展性能。

2.4　存储器芯片分类及接口电路设计

存储器是嵌入式系统硬件平台的重要部件，它的作用是存储数据和程序代码。随着嵌入式系统越来越复杂，其对存储系统的速度和容量要求也越来越高。在设计嵌入式系统时，如果程序代码及

数据量大，通常片内存储器的容量不足以存储这些代码或数据，那么需要设计片外存储器。而片外存储器芯片有多种类型，不同类型的存储器芯片其接口电路有所不同。本节先介绍存储器芯片分类，然后根据存储器芯片分类来介绍其对应的接口电路设计方法。

2.4.1 存储器芯片分类

根据存取方式，存储器通常分成两大类：随机存储器（Random Access Memory，RAM）和只读存储器（Read-Only Memory，ROM）。随机存储器通常是易失性存储器，用于存储动态数据，或者用作运行时的代码存储区域；只读存储器是非易失性存储器，通常用作代码静态时的存储区域。

1. 随机存储器

可以读出随机存储器的数据，也可以向其内部写入数据。之所以称其为随机，是因为在读/写数据时可以从存储器的任意地址处进行，而不必从开始地址处顺序地进行。随机存储器又分为两大类：静态随机存储器（Static Random Access Memory，SRAM）和动态随机存储器（Dynamic Random Access Memory，DRAM）。这两者具有以下区别：

● SRAM 的读/写速度比 DRAM 的读/写速度快；

● SRAM 比 DRAM 功耗大；

● DRAM 的集成度高，存储容量更大；

● DRAM 需要周期性地刷新，而 SRAM 不需要。因为 SRAM 中的存储单元内容在通电状态下是不会丢失的，所以其存储单元不需要定期刷新。

在实际设计中，由于 DRAM 的集成度高、功耗低，因此主存储器中所需的 RAM 型存储器芯片均采用 DRAM 型存储器芯片，特别是同步动态随机存储器（Synchronous Dynamic Random Access Memory，SDRAM）型存储器芯片。只有在低端嵌入式系统中，由于需求的存储容量不是很大，才会选用 SRAM 型存储器芯片。有时 SRAM 还用作二级高速缓存。

图 2-17（a）所示是一款 SRAM 型存储器芯片，存储容量为 32KB。图 2-17（b）所示是一款 DRAM 型存储器芯片，存储容量为 64MB。

（a）一款 SRAM 型存储器芯片　　　　　　　　（b）一款 DRAM 型存储器芯片

图 2-17　存储器芯片

2. 只读存储器

只读存储器是指内部存储单元中的数据不会随掉电而丢失的存储器。在嵌入式系统中，只读存储器通常用于存储程序代码和常数。

只读存储器通常又分成 EPROM（Erasable Programmable Read-Only Memory，可擦可编程只读存储器）、EEPROM（Electrically-Erasable Programmable Read-Only Memory，电擦除可编程只读存储器）和闪存（Flash Memory）。目前，闪存作为只读存储器在嵌入式系统中被大量采用，使用标准电压即可擦写和编程，因此闪存在标准电压的系统内就可以进行编程写入。但闪存的写入操作是按块顺序进行的，不能随机地写入任何地址单元。

NOR 和 NAND 是现在市场上两种主要的非易失性闪存技术。Intel 公司于 1988 年首先开发出 NOR Flash 技术，彻底改变了嵌入式系统中原先由 EPROM 和 EEPROM "一统天下" 的局面。紧接着，1989 年，东芝公司开发出 NAND Flash 结构，强调降低每比特的成本、提供更高的性能，并且像磁盘一样可以通过接口轻松升级。

在嵌入式系统的存储系统设计时，采用 NAND Flash 还是 NOR Flash 需根据实际要求确定，两类闪存各有优缺点。即使两者在嵌入式系统中均被采用，它们起的作用也不同。NAND Flash 和 NOR Flash 比较，有以下特点。

● NOR Flash 的读取速度比 NAND Flash 的稍快一些，NAND Flash 的擦除和写入速度比 NOR Flash 的快很多。

● 闪存芯片在写入操作时，需要先进行擦除操作。NAND Flash 的擦除单元更小，因此相应的擦除电路更少。

● 接口方面，NOR Flash 带有 SRAM 接口，有足够的地址引脚来寻址，可以很容易地存取其内部的每一个字节，可以像其他 SRAM 那样与微处理器连接；NAND Flash 使用复杂的 I/O 端口来串行地存取数据，各个产品或厂商的方法还各不相同，因此，NAND Flash 比微处理器芯片的接口电路复杂。

● NAND Flash 读和写操作采用 256~8192B 的块，这一点类似硬盘管理操作，很自然地，基于 NAND Flash 的存储器可以取代硬盘或其他块设备。

● NAND Flash 的单元尺寸几乎是 NOR Flash 的一半，即 NAND Flash 结构可以在给定的尺寸内提供更大的存储容量，也就相应地降低了价格。

● NAND Flash 中每个块的最大擦写次数是 100 万，而 NOR Flash 中每个块的最大擦写次数是 10 万。

● 所有闪存器件都受位交换现象的困扰。在某些情况下，NAND Flash 发生的次数要比 NOR Flash 的多。

● NAND Flash 中的坏块是随机分布的。需要对介质进行初始化扫描以发现坏块，并将坏块标记为不可用。在已制成的系统中，若没有可靠的方法进行坏块扫描处理，将导致系统具有高故障率。

● NAND Flash 的使用复杂，必须先写入驱动程序，才能继续执行其他操作。向 NAND Flash 写入信息需要一定的技巧，因为设计者绝不能向坏块写入，这就意味着在 NAND Flash 上自始至终都必须进行虚拟映射。

图 2-18（a）所示是一款 NOR Flash 芯片，存储容量为 2MB。图 2-18（b）所示是一款 NAND Flash 芯片，存储容量为 1GB。

（a）一款 NOR Flash 芯片

（b）一款 NAND Flash 芯片

图 2-18　闪存芯片

3. DDR 存储器

DDR（Double Data Rate，双倍速率）存储器是双倍数据流的 SDRAM，它在传统的 SDRAM 基础上进行了改进。DDR 存储器和传统的 SDRAM 的主要区别就在于，DDR 存储器在一个时钟周期内，时钟的上升沿和下降沿各进行一次数据传输，而传统的 SDRAM 只在时钟上升沿进行一次数据传输。

DDR 存储器技术还在不停地改进和发展中，从 1997 年推出 DDR 类型的存储器芯片开始，经过了 DDR2（2001 年推出）、DDR3（2008 年推出）、DDR4（2011 年推出），至今推出了 DDR5。本书主要以 DDR3 为背景来介绍其存储接口电路设计。

DDR3 存储器的主要特点有：

● 芯片的功耗低，发热量小；

● 工作频率高，采用差分时钟信号，其时钟频率是第一代 DDR 芯片的 4 倍，其数据传输速率是传统 SDRAM 芯片的 8 倍；

● 存储容量大，每个存储芯片（或称存储颗粒）规格多为 32M × 32bit；

● 通用性能好，与 DDR2 在引脚、封装方面是兼容的。

2.4.2　SROM 类存储器接口电路设计方法

SROM 类存储器是 SRAM 型存储器、EPROM 型存储器、NOR Flash 型存储器的统称。其中，EPROM 型存储器芯片只在低端的嵌入式系统中使用，大多数嵌入式系统中已不再使用该类型的存储器芯片，而使用 NOR Flash 型存储器芯片。在实际的接口电路中，这 3 类存储器芯片与微处理器之间的接口电路设计方法相似。微处理器与 SROM 类存储器接口的信号线一般有以下几类。

（1）片选信号线（CE）。有的书上标记为 CS，用于选中该存储器芯片。CE=0 时，该存储器芯片的数据引脚被启用；CE=1 时，该存储器芯片的数据引脚被禁止，对外呈高阻状态。

（2）读 / 写控制信号线。控制 SROM 芯片数据引脚的传输方向。若读有效，则数据引脚向外，微处理器从其存储单元读出数据；若写有效，则数据引脚向内，微处理器向其存储单元写入数据。通常，SRAM 芯片可以随机写，而 EPROM 芯片、NOR Flash 芯片不可以随机写。

（3）若干根地址线。地址线用于指明读 / 写单元的地址。地址线有多根，应与存储器芯片内部的存储容量相匹配。

（4）若干根数据线。数据线是双向信号线，用于微处理器之间的数据交换。数据线上的数据传输方向由读 / 写控制信号线控制。数据线通常有 8 根、16 根或 32 根，由微处理器的数据宽度确定。

图 2-19 是一个典型的微处理器与 SROM 接口电路。

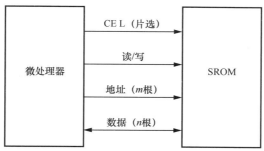

图 2-19　一个典型的微处理器与 SROM 接口电路

SROM 类存储器芯片中存储的内容，在上电时通常是不会丢失的，并且地址引脚的根数与芯片内部存储容量对应。例如，若一个 SROM 型存储器芯片的容量为 64KB，那么其地址引脚就有 16根（A0~A15）。因此，微处理器与其接口电路相对来说比较简单，接口电路中不需要刷新电路，设计时重点考虑的是地址分配，即如何用地址信号控制芯片的片选信号，并满足微处理器读 / 写周期的时序要求。SROM 的读 / 写时序如图 2-20 所示。

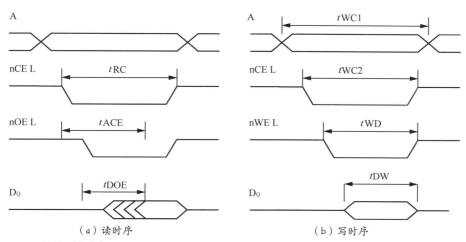

图 2-20　SROM 的读 / 写时序

设计 SROM 类存储器芯片的地址分配电路时，还需要考虑数据总线的宽度，即读 / 写一次的数据位数是字节（8 位）、半字（16 位）还是字（32 位）。采用不同的数据总线宽度，在设计地址分配电路时，微处理器地址信号线与存储器芯片地址信号线的对应关系会有些不同。图 2-21、图 2-22、图 2-23 分别给出了数据总线宽度为 8 位、16 位、32 位的 SROM 地址分配示意图。

图 2-21 中，长方形框内部符号 A0~A15、DQ0~DQ7、nWE、nOE、nCE 等代表存储器芯片的引脚信号，长方形框外部符号代表微处理器的信号。图 2-22、图 2-23 中类似。从图中可以看到，地址分配主要是完成微处理器的地址信号线与存储器芯片的地址信号线的连接，同时需要完成存储

器片选信号线的连接。微处理器的地址信号线与存储器芯片的地址信号线的连接关系，受存储器数据总线宽度的影响。但无论数据总线宽度如何，即无论是 8 位、16 位还是 32 位，地址线均按顺序对应连接。

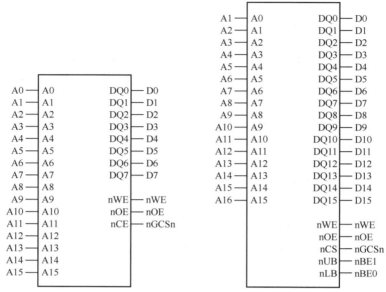

图 2-21　8 位（64KB 容量）的 SROM 地址分配示意图　　图 2-22　16 位（128KB 容量）的 SROM 地址分配示意图

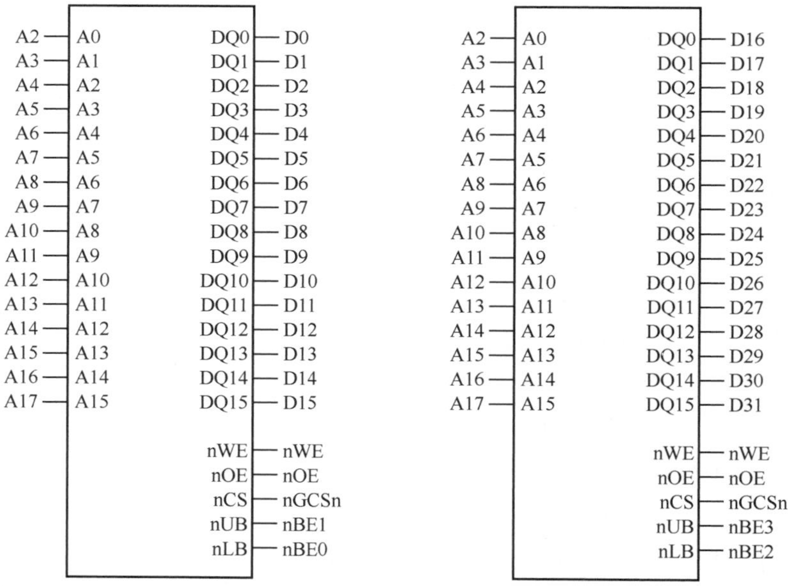

图 2-23　32 位（256KB 容量）的 SROM 地址分配示意图

　　另外，需提出的是，在嵌入式系统中，片外存储器系统由多个存储器芯片组成，以满足系统对存储容量、存储器类别的要求。这时，对有些嵌入式微处理器来说，其地址分配电路应该包含一个高位地址译码电路，通过对微处理器高位地址进行译码，产生的译码信号分别用于控制不同存储器芯片的片选信号，从而达到给不同芯片分配不同地址范围的目的。而有些嵌入式微处理器可能就不需要加译码电路，因为其内部已把存储空间映射成几个独立的存储块，换句话说，其内部已经集成了译码电路。

2.4.3　DRAM 类存储器接口电路设计方法

DRAM 类存储器芯片里的存储单元内容，在通电状态下，随着时间的推移会丢失，因而其存储单元需要定期刷新。微处理器与这类存储器芯片的接口电路除了有与 SROM 类存储器芯片相同的信号线外，还有 RAS（行地址选择）信号线和 CAS（列地址选择）信号线。需要这些信号的原因是可以减少芯片地址引脚数（这样只需要一半地址引脚），并且方便刷新操作。在微处理器读/写 DRAM 时，其地址按下面的时序提供。

首先，微处理器输出地址的高位部分出现在 DRAM 芯片的地址引脚上，此时 RAS 信号线置成有效，把地址引脚上的地址作为行地址锁存在 DRAM 芯片内部。

其次，微处理器输出地址的低位部分出现在 DRAM 芯片的地址引脚上，此时 CAS 信号线置成有效，把地址引脚上的地址作为列地址锁存在 DRAM 芯片内部。注意，此时 RAS 信号线应保持有效。

DRAM 的刷新是通过执行内部读操作来完成的，一次刷新一行，刷新应该在完成一次读/写操作后进行，微处理器与 DRAM 的接口电路中应设计控制刷新的逻辑。图 2-24 是一个典型的微处理器与 DRAM 接口电路。

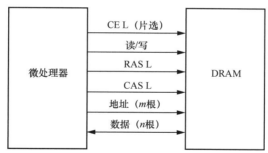

图 2-24　一个典型的微处理器与 DRAM 接口电路

图 2-25 是一个典型的 DRAM 的刷新、写、读时序。

进行 DRAM 的地址分配电路设计时，也需考虑数据总线宽度的影响。图 2-26、图 2-27 分别给出了数据总线宽度为 16 位、32 位的 DRAM 地址分配示意图。图 2-26 中采用的 DRAM 芯片数据总线宽度为 16 位，容量为 1Mbit×16×4 块，即 8MB；A22、A21 控制块地址 BA1、BA0。

从图 2-26、图 2-27 中可以看出，DRAM 地址分配主要也是完成微处理器的地址信号线与存储器芯片的地址信号线的连接，同时需要完成存储器片选信号线的连接。但 DRAM 的地址信号分成行地址和列地址两部分，因此其地址引脚有些是复用的，在设计时要注意。另外，地址分配时还需提供 RAS 和 CAS 信号，并且需要存储块的地址。

图 2-26 中，长方形框内部的 A0~A11、DQ0~DQ15、nWE、nSCS、nSRAS、nSCAS 等代表存储器芯片的引脚信号，外部的符号代表微处理器的信号。图 2-27 中与之类似。

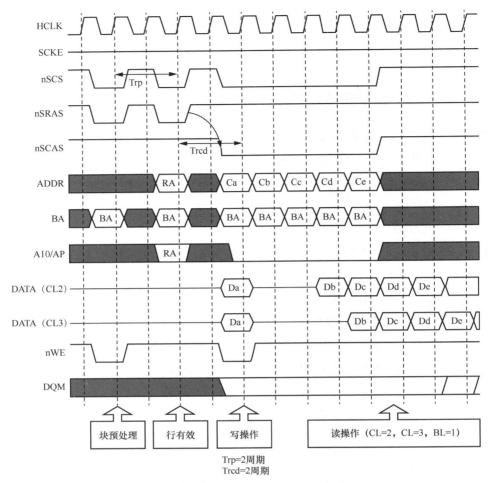

图 2-25 一个典型的 DRAM 的刷新、写、读时序

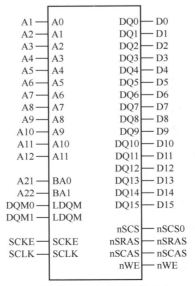

图 2-26 16 位（容量为 8MB：1Mbit × 16 × 4 块）的 DRAM 地址分配示意

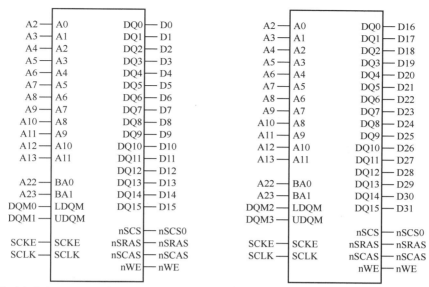

图 2-27　32 位（容量为 16MB：1Mbit×16×4 块 ×2 片）的 DRAM 地址分配示意

2.4.4　NAND Flash 类存储器接口电路设计方法

前文已经提到，不同厂家生产的 NAND Flash 类型的存储器芯片，其接口没有统一的标准，因此在设计接口电路时，应参考所选用的芯片技术手册来进行。目前，以 Intel 公司为首的 ONFI（Open NAND Flash Interface，开放式 NAND Flash 接口，一种接口电路规范）组织正在发起制定 NAND Flash 的标准接口电路规范，这将会使 NAND Flash 得到更广泛的应用。

近年来，由于 NAND Flash 存储信息的非易失性且其数据存储密度大、价格适中，因此，在许多嵌入式系统中均设计了 NAND Flash 作为系统辅助存储器，可用来存储系统的应用程序文件（类似于通用台式计算机的磁盘）。但是，NAND Flash 与微处理器之间的接口电路较为复杂，存取数据通常采用 I/O 方式。并且，NAND Flash 缺乏统一的接口电路规范，这更增加了其接口电路设计的复杂度。

NAND Flash 芯片的引脚分为 3 类：数据引脚、控制引脚和状态引脚。其中数据引脚高度复用，既用作地址总线，又用作数据总线和命令输入信号线。图 2-28 是一个典型的支持 NAND Flash 芯片连接的接口电路内部结构。

在图 2-28 中，接口引脚中有 8 个 I/O 数据引脚（I/O0 ～ I/O7），用来输入和输出地址、数据和命令。控制引脚有 5 个，其中 CLE 和 ALE 分别为命令锁存使能引脚和地址锁存使能引脚，用来选择 I/O 端口输入的

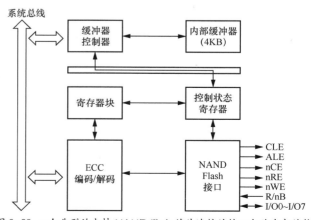

图 2-28　一个典型的支持 NAND Flash 芯片连接的接口电路内部结构

信号是命令还是地址；nCE、nRE 和 nWE 分别为片选信号、读使能信号和写使能信号。状态引脚 R/nB 表示设备的状态，当数据写入、编程和随机读取时，R/nB 处于高电平，表明芯片正忙，否则处于低电平。

NAND Flash 的读 / 写时序如图 2-29 所示。

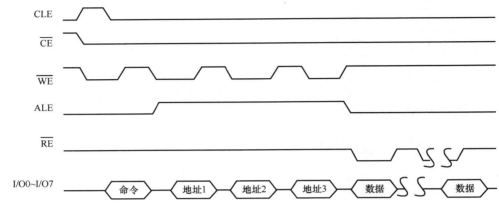

图 2-29　NAND Flash 的读 / 写时序

例如，K9F6408 系列是一种典型的 NAND Flash 芯片，图 2-30 是其引脚及功能。它的数据宽度为 8 位，内部存储单元按页和块的结构组织。一片 K9F6408 的使用容量为 8MB×8bit，片中划分成 1024 个块，每个块包含 16 个页。其中每个数据页内有 528 个字节，前 512 个字节为主数据存储器，用于存放用户数据；后 16 个字节为辅助数据存储器，用于存放 ECC（Error Correcting Code，误差校正码）、坏块信息和文件系统代码等。该芯片内部还有一个容量为 528B 的静态寄存器，称为页寄存器，在数据存取时用作缓冲区。编程数据和读取的数据可以在寄存器与存储阵列中按 528 个字节的顺序递增访问。当对芯片的某一页进行读 / 写时，其数据首先被转移到该寄存器中，通过这个寄存器和其他芯片进行数据交换，片内的读 / 写操作由片内的处理器自动完成。

引脚结构

Vss	1	44	Vcc
CLE	2	43	$\overline{CE}$
ALE	3	42	$\overline{RE}$
$\overline{WE}$	4	41	R/$\overline{B}$
$\overline{WP}$	5	40	$\overline{SE}$
N.C	6	39	N.C
N.C	7	38	N.C
N.C	8	37	N.C
N.C	9	36	N.C
N.C	10	35	N.C
	11	34	
	12	33	
N.C	13	32	N.C
N.C	14	31	N.C
N.C	15	30	N.C
N.C	16	29	N.C
N.C	17	28	N.C
I/O0	18	27	I/O7
I/O1	19	26	I/O6
I/O2	20	25	I/O5
I/O3	21	24	I/O4
Vss	22	23	Vcc

引脚名称及功能

引脚名称	引脚功能
I/O0~I/O7	数据I/O端口
CLE	命令锁存使能
ALE	地址锁存使能
$\overline{CE}$	片选
$\overline{RE}$	读使能
$\overline{WE}$	写使能
$\overline{WP}$	写保护
$\overline{SE}$	选择空闲空间使能
R/$\overline{B}$	输出
Vcc	电源
Vss	接地
N.C	无连接

图 2-30　K9F6408 系列 NAND Flash 芯片引脚及功能

命令设置

功能	第一总线周期	第二总线周期
读1（第1、2区）	00h/01h	—
读2（第3区）	50h	—
读ID	90h	—
重置	FFH	—
写入	80h	10h
块擦除	60h	D0h
读状态	70h	—

图 2-30　K9F6408 系列 NAND Flash 芯片引脚及功能（续）

2.4.5　DDR 类存储器接口电路设计方法

在嵌入式系统中，若代码及数据的量较大，片内存储器容量不足时，常用 DDR 型存储器作为主存储器，用作当前运行代码及数据的主存储区域。图 2-31 是一个典型的微处理器与 DDR3 接口电路。它们之间的信号线一般有以下几种。

（1）差分时钟信号线 CK_P/CK_N。CK_P 和 CK_N 时钟信号正好相位相反，形成差分，数据的有效传输正好在两个时钟信号的交叉点上。因此，在 CK_P 的上升沿（也是 CK_N 的下降沿）和 CK_P 的下降沿（也是 CK_N 的上升沿）均有数据有效传输。

（2）控制信号线。控制信号主要有时钟使能信号 CKE、写使能信号 WE_B 和复位信号 DRST_B。CKE 信号是高电平有效，其无效时，DDR3 内部与数据传输有关的部件处于睡眠状态，进入省电工作模式。WE_B 信号为低电平时，写操作使能；为高电平时，读操作使能。DRST_B 信号为低电平时，DDR3 内部数据复位。

（3）地址信号线。地址信号线主要如下。

● 地址信号线 An~A0，用于指明读 / 写单元的地址。地址线有多根，应与 DDR3 芯片内部的存储容量相匹配。Zynq 芯片的地址线有 15 根，即 A14~A0。

● 片选信号线 CS_B，低电平有效，是整个 DDR3 芯片的工作使能信号，若其为高电平，则整个芯片不工作。

● 行地址选通信号 RAS_B，低电平有效，用于指示地址线上的地址是行地址。

● 列地址选通信号 CAS_B，低电平有效，用于指示地址线上的地址是列地址。

● 存储块选择信号 BA2~BA0，用于选择 3 个存储块中哪个被激活。

（4）数据信号线。数据信号线主要如下。

● 数据线 DQm~DQ0，双向信号线，用于与微处理器之间的数据交换。数据线上的数据传输方向由读 / 写控制信号线控制。数据线通常有 32 根或 64 根，由微处理器的数据宽度确定。Zynq 芯片的数据线有 32 根，即 DQ31~DQ0。

● 数据选取信号 DQS，双向信号线，用于确定数据最稳定的时刻，以便于数据准确地传输。在读存储器时，该信号由存储器发出；在写存储器时，该信号由微处理器发出。

● 数据掩码信号 DM，高电平有效，在写操作时，可以用来屏蔽写入的数据。

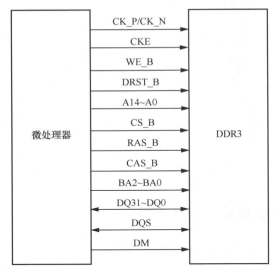

图 2-31 一个典型的微处理器与 DDR3 接口电路

典型的 DDR3 读 / 写时序如图 2-32 所示。

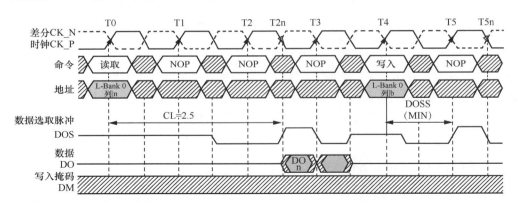

图 2-32 典型的 DDR3 读 / 写时序

第 **03** 章

硬件平台二：常用接口设计

为了构建完整的、能应用于某个场合的嵌入式系统，除了需要核心板外，还需要一些接口部件，这些接口部件通常组成一个底板。一个以龙芯 1B 核心板为核心的底板如图 3-1 所示。由于在设计时，可供选择的 I/O 部件及芯片种类很多，因此不同的硬件平台在设计细节上有许多不同之处，但嵌入式系统硬件平台的设计仍需要遵循一定的原理和方法。本章将介绍一些常用的 I/O 部件或接口的设计原理及方法。

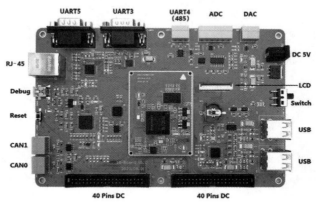

图 3-1　一个以龙芯 1B 核心板为核心的底板

3.1　接口部件的基本原理

嵌入式系统中使用的微处理器芯片，通常把 CPU 核（处理器核）与常用的 I/O 端口逻辑集成在一起，CPU 核与 I/O 设备之间的连接通过 I/O 端口逻辑完成。如果微处理器芯片内部没有集成某功能的 I/O 逻辑，也可以通过外部扩展相关 I/O 端口芯片，从而实现 CPU 核与相关 I/O 设备连接。无论是集成在微处理器芯片内部的 I/O 端口逻辑，还是外部扩展的 I/O 端口芯片，其内部均有许多寄存器，CPU 核通过读 / 写这些寄存器可以对 I/O 部件或接口进行功能设置、输入输出数据等操作，以便控制与 I/O 设备进行信息交互。在 I/O 端口逻辑设计中，驱动程序设计的关键就在于设计者对相关寄存器的理解，从而正确地进行编程控制。

一个典型的 I/O 端口逻辑（或芯片）内部通常具有 3 种类型的寄存器，即数据寄存器、控制寄存器和状态寄存器，如图 3-2 所示。

数据寄存器用来保存 CPU 核传输给 I/O 设备的数据，或者 I/O 设备传输给 CPU 核的数据；控制寄存器用来保存由 CPU 核发来的控制操作命令；而状态寄存器用来保存 I/O 端口逻辑（或芯片）在数据传输过程中正在发生的或者最近发生的事件的特征信息，CPU 核可以通过读取状态寄存器的内容来监控 I/O 设备的操作。

大多数情况下，I/O 设备与 CPU 核之间进行数据传输的时间是不确定的，并且 I/O 设备的速度相对较慢，因此保证 I/O 端口逻辑（或芯片）与 CPU 核之间数据操作的同步，成为 I/O 端口设计的关键之一。目前，可以采用程序查询和中断两种控制方式来保证 CPU 核与 I/O 端口逻辑（或芯片）之间的数据操作同步，从而保证数据在 CPU 核与 I/O 端口逻辑（或芯片）之间可靠地传输。

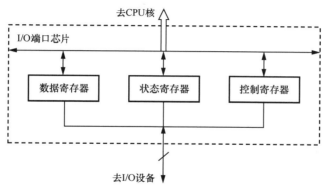

图 3-2　一个典型的 I/O 端口逻辑的结构

3.1.1　接口的控制方式

在嵌入式系统中，微处理器核控制 I/O 端口或部件数据传输的方式有两种：程序查询方式和中断方式。

1. 程序查询方式

程序查询方式是 I/O 端口控制的基本方式，它由 CPU 核周期性地执行一段查询程序来读取 I/O 端口逻辑（或芯片）中状态寄存器的内容，并判断其状态，从而控制 CPU 核与 I/O 端口逻辑（或芯片）的同步。在有多个 I/O 设备的嵌入式系统中，程序中的查询顺序确定了 I/O 设备的优先权。一个典型的程序查询方式下的 I/O 操作流程如图 3-3 所示。

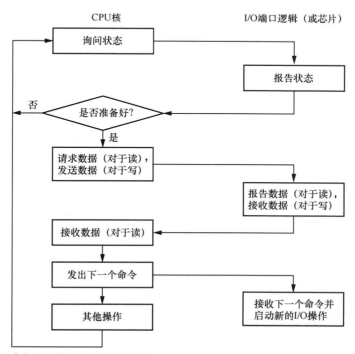

图 3-3　一个典型的程序查询方式下的 I/O 操作流程

程序查询方式下的 I/O 操作流程描述如下。

（1）读操作流程

首先，读取 I/O 端口逻辑（或芯片）的状态寄存器，并判断 I/O 端口逻辑（或芯片）是否空闲。若未空闲，则循环等待；若已经空闲，则进行下一步。

其次，发送读数据命令给 I/O 端口逻辑（或芯片）的控制寄存器。在启动 I/O 设备读操作之后，CPU 核可以做其他可与该 I/O 操作并行的操作。当 CPU 核达到程序中它必须接收 I/O 设备数据的那一"点"时，它再次测试 I/O 端口逻辑（或芯片）的状态寄存器，并判断其数据是否准备好。若数据准备好，则进行下一步，否则循环等待。

最后，把 I/O 端口逻辑（或芯片）的数据寄存器内容读入 CPU 核，然后重复执行上述步骤。

（2）写操作流程

首先，读取 I/O 端口逻辑（或芯片）的状态寄存器，并判断 I/O 端口逻辑（或芯片）是否空闲。若未空闲，则循环等待；若已经空闲，则进行下一步。

其次，把本次需输出的数据传输到 I/O 端口逻辑（或芯片）的数据寄存器中。

再次，把写命令传输到 I/O 端口逻辑（或芯片）的控制寄存器中后，CPU 核可以做其他与该 I/O 操作并行的操作。

最后，当程序运行到必须向 I/O 设备写数据的那一"点"时，重新执行上述步骤。

2. 中断方式

在 2.2.4 小节中，我们已经了解了中断机制的原理，并了解到中断方式比程序查询方式具有更好的实时性，I/O 端口采用中断方式能够实时地处理 I/O 端口数据的输入或输出。

一个典型的中断方式下的 I/O 操作步骤如下。

● CPU 核用命令通知 I/O 端口逻辑（或芯片）允许它产生中断。

● I/O 端口逻辑（或芯片）完成与 I/O 设备的数据操作后，将产生中断请求信号。

● 当中断请求信号有效时，CPU 核可能处于不可中断状态。等到 CPU 核允许中断时，CPU 核就保存当前状态，停止它现行的操作并开始进行中断源的识别。

● 在识别出优先级最高的中断源后，CPU 核转到对应的中断服务程序入口，并应答中断，I/O 端口逻辑（或芯片）收到应答信号后，撤销其中断请求信号。

● CPU 核读入或写出数据，当中断服务程序结束后，回到原来的被中断程序处继续执行。

在中断方式下，CPU 核通常并不立即响应中断请求，因此一个中断请求信号必须持续一段时间，直到它被响应为止。另外，当 CPU 核在处理紧急任务时，不允许被中断，这就需要 CPU 核内部具有封锁中断的功能部件。大多数 CPU 核提供可屏蔽中断和不可屏蔽中断两种方式。

通常嵌入式系统中需要采用中断方式来控制的 I/O 端口逻辑（或芯片）有多个，即系统会有多个中断源。而 CPU 核能够提供的中断请求信号线是有限的，如 ARM920T 微处理器核提供给 I/O 端口逻辑（或芯片）的中断请求信号线仅有 IRQ 和 FIQ 两根。因此，当中断请求信号线上接收到中断请求信号时，CPU 核就必须通过一定的方式识别出是哪个中断源发来的中断请求信号，并使得程序计数器指向其对应的中断服务程序入口。这种机制称为中断源的识别。目前，中断源的识别主要采用向量识别方法。

采用向量识别方法来识别中断源，就是 CPU 核响应中断请求后，要求中断源提供一个地址信息，该地址信息称为中断向量，CPU 核根据中断向量转移到中断服务程序入口处执行指令。所以中断向量就是中断服务程序的入口地址信息。当 CPU 核识别出某个中断源的中断请求并予以响应后，控制逻辑就将该中断源的中断服务程序的入口地址信息发送给程序计数器，从而转入中断服务程序。

根据形成中断服务程序入口地址的不同机制，中断向量又分为固定中断向量和可变中断向量。

（1）固定中断向量。顾名思义，中断服务程序入口地址是固定不变的，由 CPU 核的体系结构确定，设计者不能改变。如 GS232 处理器核提供的 8 种异常就是如此，其中断向量在 2.2.4 小节中已介绍。

（2）可变中断向量。中断服务程序入口地址不是固定不变的，设计者可以根据自己的需求进行设置。通常采用这类中断向量的微处理器中，均有用于中断控制的寄存器，设计者通过初始化相应寄存器来设置中断向量。对于这类中断向量，其中断源优先级通常也可由设计者通过程序改变。可变中断向量的优点是设计比较灵活，用户可根据需求设定中断向量表在主存储器中的位置，缺点是中断响应速度较慢。

若采用中断方式来控制 I/O 端口逻辑（或芯片）与 CPU 核之间的数据传输，其接口程序设计涉及 3 个方面的工作。

（1）建立中断向量表，即在存储系统中开辟一个存储区域，用作中断服务程序入口。对于采用固定中断向量机制的 CPU 核，这个区域是固定的，用户不可以改变它。中断向量表的建立，通常是在系统启动引导程序中完成的。

（2）中断初始化程序设计。初始化程序在中断控制逻辑开放前运行，用来设定某些中断控制信息，如某中断源是开放还是屏蔽、中断优先级以及中断信号类型（是边沿信号还是电平信号）等。

（3）中断服务程序设计。它是中断方式下的接口驱动程序的主体，每次 CPU 核获得中断请求信号并响应后，根据中断向量表中的信息，转移到其第一条指令处开始执行。中断服务程序完成的功能需要根据应用需求来确定，核心是完成 I/O 端口逻辑（或芯片）的数据寄存器读 / 写。

3.1.2　接口的寻址方式

嵌入式系统所使用的微处理器芯片中，通常会集成多个 I/O 端口或 I/O 部件，如龙芯 1B 芯片内部集成了 GPIO、UART、Timer、SPI 控制器等 I/O 部件，并且每个 I/O 部件内部有若干个控制寄存器、数据寄存器和状态寄存器，微处理器识别这些寄存器是通过唯一地分配给它一个地址来实现的。嵌入式微处理器芯片内部的这些 I/O 部件寄存器，已经被芯片生产厂商分配了具体的地址，并不需要目标系统的硬件平台设计者再去设计它们的地址分配电路（相关的 I/O 部件寄存器地址在后续章节中有详细介绍）。但是，在嵌入式系统中，往往还需要外接一些专用功能的 I/O 部件芯片，对于这些芯片内部的寄存器，微处理器也是通过唯一地分配一个地址的方式来识别它们的。本小节介绍外接 I/O 部件芯片时，其地址分配的接口电路的设计方法。

嵌入式系统中的 I/O 端口或部件的芯片与存储器芯片通常是共享总线的，即它们的地址信号线、数据信号线和读 / 写控制信号线等，是连接在同一束总线上的。因而，目前在嵌入式系统设计中，对 I/O 端口或部件进行地址分配常采用两种方法：存储器映射法和 I/O 隔离法。

1. 存储器映射法

存储器映射法的设计思想是将 I/O 端口或部件的芯片和存储器芯片做相同的处理，即微处理器对它们的读 / 写操作没什么差别，I/O 端口或部件中的寄存器被当作存储器的一部分，占用一部分存储器的地址空间。对 I/O 端口或部件内的寄存器的读 / 写操作无须特殊的指令，用存储器的数据传输指令即可。其结构示意图如图 3-4 所示。图 3-4 中 I/O 端口或部件和存储器各占用存储器地址空间的一部分，通过地址译码器来分配。龙芯 1B 芯片 I/O 端口或部件的地址分配，采用的就是存储器映射法。

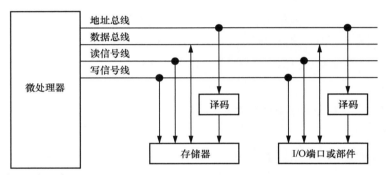

图 3-4　存储器映射法结构示意图

2. I/O 隔离法

I/O 隔离法的设计思想是将 I/O 端口或部件的芯片和存储器芯片做不相同的处理，在总线中用控制信号线来区分两者，达到使 I/O 端口或部件地址空间与存储器地址空间分离的目的。这种方法需要特殊的指令来控制 I/O 端口或部件内寄存器的读 / 写，例如 IN 指令和 OUT 指令。I/O 隔离法结构示意图如图 3-5 所示。

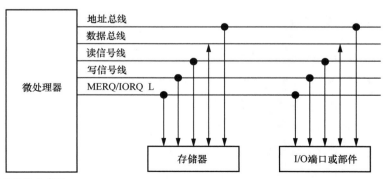

图 3-5　I/O 隔离法结构示意图

图 3-5 中 MERQ/IORQ L 信号线用来分离 I/O 端口或部件地址空间与存储器地址空间。例如，当 MERQ/IORQ L 信号线为 1 时，地址总线上的地址是存储器地址；而当 MERQ/IORQ L 信号线为 0 时，地址总线上的地址是 I/O 端口或部件地址。

和存储器映射法相比，I/O 隔离法有如下特点。

（1）I/O 隔离法需要微处理器具有一条控制信号线，用来分离 I/O 端口或部件地址空间与存储器地址空间，且需要独立的 I/O 指令来读或写 I/O 端口或部件内寄存器。而存储器映射法不需要。

（2）I/O 隔离法中 I/O 端口或部件不占用存储器的地址空间，而存储器映射法中 I/O 端口或部件需占用存储器的地址空间。

在现代的嵌入式系统设计中，由于地址空间并不是突出的矛盾，因此嵌入式微处理器大多支持存储器映射法，把 I/O 端口或部件映射成存储器操作。虽然这样需占用部分地址空间，但系统接口简单、使用方便。

3.2　GPIO 部件

GPIO（General Purpose Input Output，通用输入输出）是嵌入式系统硬件平台的重要组成部分，通常用来作为微处理器 I/O 总线。换句话说，微处理器通常利用 GPIO 端口与外部其他芯片或设备进行连接，如键盘、LED 指示灯等。本节将详细介绍龙芯 1B 芯片的 GPIO 接口部件及其使用方法。

3.2.1　龙芯 1B 芯片的 GPIO

龙芯 1B 芯片集成了 61 路 GPIO 引脚，这些引脚被分成两组，GPIO00~GPIO30 为一组，GPIO32~GPIO61 为另一组，如图 3-6 所示。这些引脚均是多功能复用的引脚，具体引脚功能如表 3-1 所示。

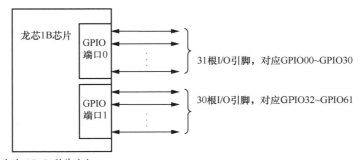

图 3-6　龙芯 1B 芯片的 GPIO 引脚分组

表 3-1 61 路 GPIO 引脚的功能

端口号	GPIO 序号	功能 1	功能 2	端口号	GPIO 序号	功能 1	功能 2
	GPIO00	普通 I/O	PWM0		GPIO32	普通 I/O	SCL
	GPIO01	普通 I/O	PWM1		GPIO33	普通 I/O	SDA
	GPIO02	普通 I/O	PWM2		GPIO34	普通 I/O	AC97_SYNC
	GPIO03	普通 I/O	PWM3		GPIO35	普通 I/O	AC97_RST
	GPIO04	普通 I/O	LCD_CLK		GPIO36	普通 I/O	AC97_DI
	GPIO05	普通 I/O	LCD_VSYNC		GPIO37	普通 I/O	AC97_DO
	GPIO06	普通 I/O	LCD_HSYNC		GPIO38	普通 I/O	CAN0_RX
	GPIO07	普通 I/O	LCD_EN		GPIO39	普通 I/O	CAN0_TX
	GPIO08	普通 I/O	LCD_B0		GPIO40	普通 I/O	CAN1_RX
	GPIO09	普通 I/O	LCD_B1		GPIO41	普通 I/O	CAN1_TX
	GPIO10	普通 I/O	LCD_B2		GPIO42	普通 I/O	UART0_RX
	GPIO11	普通 I/O	LCD_B3		GPIO43	普通 I/O	UART0_TX
	GPIO12	普通 I/O	LCD_B4		GPIO44	普通 I/O	UART0_RTS
	GPIO13	普通 I/O	LCD_G0		GPIO45	普通 I/O	UART0_CTS
	GPIO14	普通 I/O	LCD_G1		GPIO46	普通 I/O	UART0_DSR
0	GPIO15	普通 I/O	LCD_G2	1	GPIO47	普通 I/O	UART0_DTR
	GPIO16	普通 I/O	LCD_G3		GPIO48	普通 I/O	UART0_DCD
	GPIO17	普通 I/O	LCD_G4		GPIO49	普通 I/O	UART0_RI
	GPIO18	普通 I/O	LCD_G5		GPIO50	普通 I/O	UART1_RX
	GPIO19	普通 I/O	LCD_R0		GPIO51	普通 I/O	UART1_TX
	GPIO20	普通 I/O	LCD_R1		GPIO52	普通 I/O	UART1_RTS
	GPIO21	普通 I/O	LCD_R2		GPIO53	普通 I/O	UART1_CTS
	GPIO22	普通 I/O	LCD_R3		GPIO54	普通 I/O	UART2_RX
	GPIO23	普通 I/O	LCD_R4		GPIO55	普通 I/O	UART2_TX
	GPIO24	普通 I/O	SPIO_CLK		GPIO56	普通 I/O	UART3_RX
	GPIO25	普通 I/O	SPIO_MISO		GPIO57	普通 I/O	UART3_TX
	GPIO26	普通 I/O	SPIO_MOSI		GPIO58	普通 I/O	UART4_RX
	GPIO27	普通 I/O	SPIO_CS0		GPIO59	普通 I/O	UART4_TX
	GPIO28	普通 I/O	SPIO_CS1		GPIO60	普通 I/O	UART5_RX
	GPIO29	普通 I/O	SPIO_CS2		GPIO61	普通 I/O	UART5_TX
	GPIO30	普通 I/O	SPIO_CS3				

注：表中的普通 I/O 是指开关量 I/O。

龙芯 1B 芯片的每一组端口均有配置寄存器、输入使能寄存器、输入寄存器、输出寄存器。这些寄存器实现了对 GPIO 功能的设置，以及对引脚状态的读取与控制。这些寄存器的具体功能如表 3-2 所示。通过相关端口的配置寄存器可以设置某个 GPIO 引脚的具体功能。

表 3-2　GPIO 的寄存器的具体功能

寄存器名称	位数	寄存器地址	读 / 写	描述
GPIOCFG0	32	0xbfd010c0	读 / 写	端口 0 的配置寄存器。 寄存器 30~0 位对应 GPIO30~GPIO00。 0 表示设置相应引脚为功能 1（功能 1 见表 3-1），1 表示设置相应引脚为功能 2（功能 2 见表 3-1）
GPIOCFG1	32	0xbfd010c4	读 / 写	端口 1 的配置寄存器。 寄存器 29~0 位对应 GPIO61~GPIO32。 0 表示设置相应引脚为功能 1（功能 1 见表 3-1），1 表示设置相应引脚为功能 2（功能 2 见表 3-1）
GPIOOE0	32	0xbfd010d0	读 / 写	端口 0 的输入使能寄存器。 寄存器 30~0 位对应 GPIO30~GPIO00。 0 表示设置相应引脚为输出，1 表示设置相应引脚为输入
GPIOOE1	32	0x bfd010d4	读 / 写	端口 1 的输入使能寄存器。 寄存器 29~0 位对应 GPIO61~GPIO32。 0 表示设置相应引脚为输出，1 表示设置相应引脚为输入
GPIOIN0	32	0xbfd010e0	读	端口 0 的输入寄存器。 寄存器 30~0 位对应 GPIO30~GPIO00。 0 表示引脚输入值为 0，对应电平 0V；1 表示引脚输入值为 1，对应电平 3.3V
GPIOIN1	32	0xbfd010e4	读	端口 1 的输入寄存器。 寄存器 29~0 位对应 GPIO61~GPIO32。 0 表示引脚输入值为 0，对应电平 0V；1 表示引脚输入值为 1，对应电平 3.3V
GPIOOUT0	32	0xbfd010f0	读 / 写	端口 0 的输出寄存器。 寄存器 30~0 位对应 GPIO30~GPIO00。 0 表示引脚输出值为 0，对应电平 0V；1 表示引脚输出值为 1，对应电平 3.3V
GPIOOUT1	32	0xbfd010f4	读 / 写	端口 1 的输出寄存器。 寄存器 29~0 位对应 GPIO61~GPIO32。 0 表示引脚输出值为 0，对应电平 0V；1 表示引脚输出值为 1，对应电平 3.3V

　　表 3-2 中的 GPIOCFG0 寄存器、GPIOCFG1 寄存器分别是 GPIO 端口 0、GPIO 端口 1 的引脚功能配置寄存器。只有当相应引脚设置为普通 I/O 功能时，其对应的输入使能寄存器、输入寄存器、输出寄存器才起作用。输入使能寄存器用于控制普通 I/O 引脚是输入还是输出，输入寄存器、输出

寄存器是普通 I/O 引脚功能下的数据寄存器，用于输入或者输出开关量值。

另外，龙芯 1B 芯片的 GPIO 引脚可以作为外部中断请求信号的输入引脚。在作为中断请求信号引脚时，相关 GPIO 引脚要配置成普通 I/O 功能的输入。

3.2.2　GPIO 的应用示例

示例 3-1：要求用 GPIO02 作为开关量输入，连接一个按键；GPIO03 作为开关量输出，连接一个 LED 指示灯。假设按键按下时，GPIO02 引脚为低电平（逻辑 0）；按键释放，GPIO02 引脚为高电平（逻辑 1）。且 GPIO03 输出低电平（逻辑 0）时，LED 指示灯亮；GPIO03 输出高电平（逻辑 1）时，LED 指示灯灭。下面是实现按键按下时 LED 指示灯亮、按键释放时 LED 指示灯灭的功能的程序代码。

```
#define GPIOCFG0 (*(volatile unsigned int *)0xbfd010c0) // 定义端口 0 的配置寄存器
#define GPIOOE0 (*(volatile unsigned int *)0xbfd010d0) // 定义端口 0 的输入使能寄存器
#define GPIOIN0 (*(volatile unsigned int *)0xbfd010e0) // 定义端口 0 的输入寄存器
#define GPIOOUT0 (*(volatile unsigned int *)0xbfd010f0) // 定义端口 0 的输出寄存器
int main(void)
{
    unsigned int temp;              // 定义临时变量，用于暂存端口 0 输入寄存器的值
    GPIOCFG0 &= ~(3<< 2);           // 设置 GPIO02、GPIO03 引脚为普通 I/O 功能
    GPIOOE0 |= (1<< 2);             // 设置 GPIO02 引脚为输入
    GPIOOE0 &= ~ (1<< 3);           // 设置 GPIO03 引脚为输出
    for( ; ; ){
        temp = GPIOIN0;
        temp = temp&0x00000004;     // 获取 GPIO02 引脚的逻辑值
        if (temp == 0x00000004) {
            // 注意，有时需要加延时函数以便消除键盘抖动
            GPIOOUT0 |= (1<< 3);    // 按键释放，LED 指示灯灭
        }
        else{
            // 注意，有时需要加延时函数以便消除键盘抖动
            GPIOOUT0 &= ~(1<< 3); // 按键按下，LED 指示灯亮
        }
    }
}
```

示例 3-2：假设以龙芯 1B 芯片为核心的嵌入式系统中，需要用 GPIO 的某个引脚（如 GPIO51）作为外部中断请求信号线的输入引脚，且要求中断请求信号采用边沿触发。请编写符合此要求的中断初始化程序。

中断初始化函数可以编写如下。下面的中断初始化函数中，参数 num 代表 GPIO 引脚序号，参数 up_down 设置是上升沿触发还是下降沿触发（1 代表上升沿触发，0 代表下降沿触发），参数 *handler 代表中断服务函数的句柄。

```
#define INTISR3 (*(volatile unsigned int *)0xbfd01088)    //INT3 的中断状态寄存器
#define INTIEN3 (*(volatile unsigned int *)0xbfd0108c)    //INT3 的中断使能寄存器
#define INTSET3 (*(volatile unsigned int *)0xbfd01090)    //INT3 的中断置位寄存器
#define INTCLR3 (*(volatile unsigned int *)0xbfd01094)    //INT3 的中断清空寄存器
#define INTEDGE3 (*(volatile unsigned int *)0xbfd01098)   //INT3 的边沿触发使能寄存器
#define INTPOL3 (*(volatile unsigned int *)0xbfd0109c)   //INT3 的高电平触发使能寄存器
void INIT_set(int num, int up_down, void (*handler)(int, void *))
{
        // 将中断服务函数的地址存入中断列表
        ls1x_install_irq_handler(104 + num, handler, (void*)(num));
        num = num - 32;
        // 设置序号 num 的 GPIO 引脚为普通 I/O 功能
        GPIOCFG1 &= ~(1 << num);
        // 使能序号 num 的 GPIO 引脚为输入
        GPIOOE1 |= (1 << num);
        // 关中断
        INTIEN3 &= ~(1 << num);                    // 中断使能寄存器
        // 清中断
        INTCLR3 |= (1 << num);                     // 中断清空寄存器
        // 设置中断为边沿触发
        INTEDGE3 |= (1 << num);
        // 设置中断为上升沿或下降沿触发
        if(up_down) {
            INTPOL3 |= (1 << num);                 // 上升沿触发
        }
        else {
            INTPOL3 &= ~(1 << num);                // 下降沿触发
        }
        // 开中断
        INTIEN2 |= (1 << num);
    }
}
```

上述代码是中断初始化函数。若应用程序需要利用某 GPIO 引脚连接外部中断，并响应其中断完成相应的中断功能，那么在应用程序的主函数 main() 中，可以用下面的语句进行中断初始化，并编写相关的中断服务程序（假设用 GPIO51 连接外部中断请求信号，上升沿触发，中断服务函数名为 handler_pause_up1）。

```
INIT_set(51, 1, handler_pause_up1);
```

3.3 UART 部件

UART（Universal Asynchronous Receiver/Transmitter，通用异步接收发送设备）通信是异步串行通信。串行通信方式是将数据一位一位地进行传输，数据各位分时使用同一根传输信号线。串行通信的传输模式有同步传输和异步传输两种，而 UART 通信接口即异步串行通信的接口。所谓异步串行通信，是指在数据传输时，数据的发送方和接收方所采用的时钟信号源（简称时钟）不同，数据比特流以较短的二进制位数为一帧，由发送方发送起始位标识通信开始后，通信双方在各自时钟控制下，按照一定的格式要求进行发送和接收。

3.3.1 异步串行通信的概念

异步串行通信简单、灵活，对同步时钟的要求不高，但其传输效率较低，因此常用于传输信息量不大的场合。以下是串行通信时经常使用的基本概念。

1. 数据通信速率

串行通信中，一个重要的性能指标是数据通信速率，又称为波特率，它是指数据线上每秒传送的码元数，其计量单位为波特。对于二进制码元，1 波特 =1bit/s。串行数据线上的每位信息宽度（即持续时间）是由数据通信速率确定的。

例如，若某异步串行通信速率是 1200bit/s，即每秒传送 1200 位数据，那么每位数据的传输持续时间为

$$传输持续时间 = 1bit/（1200bit/s）\approx 0.833ms$$

异步串行通信要求通信双方的数据速率相同。通信时，双方时钟（即发送时钟和接收时钟）可以不是同一个时钟，但时钟频率的标称值应该相同，数值上等于串行通信速率的数值。

2. 奇偶校验

通信中不可避免地会产生数据传输错误，因此通信系统中需要校错、纠错的方法，以提高通信的可靠性。异步串行通信常采用奇偶校验来进行校错。

奇偶校验是指在发送时，每个数据之后均附加一个奇偶校验位。这个奇偶校验位可为 1 或 0，以保证整个数据帧（包括奇偶校验位在内）为 1 的个数为奇数（称奇校验）或偶数（称偶校验）。接收时，按照协议所确定的、与发送方相同的校验方法，对接收的数据帧进行奇偶校验。若发送方和接收方的奇偶性不一致，则表示通信传输中出现差错。例如，若发送方按偶校验产生校验位，接收方也应按偶校验进行校验，当发现接收到的数据帧中为 1 的个数不为偶数时，表示通信传输出错，

则需按协议由软件采用补救措施。

在异步串行通信中，每传输一帧数据就进行一次奇偶校验，它通常只能检测到那种影响奇偶性的奇数个位的错误，对于偶数个位的错误无法检测到，并且不能具体确定出错的位，因此也无法纠错。但是，这种校错方法简单，在异步串行通信中经常采用。

3. 数据格式

异步串行通信数据格式的特点是一个字符一个字符地传输，并且传输一个字符时总以起始位开始，以停止位结束。字符之间没有固定的时间间隔要求，字符的数据位通常为 5~8 位。异步串行通信的数据格式如图 3-7 所示。

图 3-7　异步串行通信的数据格式

如图 3-7 所示，每一个字符的前面都有 1 位起始位（低电平，逻辑值为 0），字符本身由 5 ~ 8 位数据位组成，字符后面是 1 位校验位（也可以没有校验位），最后是 1 位、1.5 位或 2 位停止位，停止位后面是不定长度的空闲位。停止位和空闲位都规定为高电平（逻辑值为 1），这样就可保证起始位开始处一定有一个下降沿。字符的界定或同步是靠起始位和停止位来实现的，传输时数据的低位在前、高位在后。

异步串行通信中，起始位作为联络信号附加进来。当信号线上电平由高变为低时，告诉接收方开始传输，接下来是数据位信号，准备接收。而停止位标志着一个字符传输的结束。这样就为通信双方提供了何时开始传输、何时结束的同步信号。

3.3.2　异步串行通信协议

目前，异步串行通信协议有多种，如 RS-232C、RS-485、RS-422 等。但是，其他异步串行通信协议均是在 RS-232C 标准的基础上经过改进形成的。

RS-232C 标准是美国 EIA（Electronic Industries Alliance，电子工业协会）与贝尔公司等一起开发，于 1969 年公布的串行通信协议，它适用于数据传输速率要求不高的场合。这个标准对串行通信接口的有关问题，如信号线功能、电气特性等都做了明确规定。作为一种低成本的串行通信协议，RS-232C 标准已在嵌入式系统中被广泛采用。

1. RS-232C 的物理特性

由于 RS-232C 并未具体定义连接器的物理特性，因此出现了 DB-25、DB-15 和 DB-9 各种类型的连接器，其引脚的定义也各不相同。图 3-8 是 DB-25 和 DB-9 两种类型的连接器的外形及引脚定义。实际应用中大量使用的是 DB-9 类型的连接器，因此，下面主要结合 DB-9 类型的连接器来介绍 RS-232C 的信号特性。

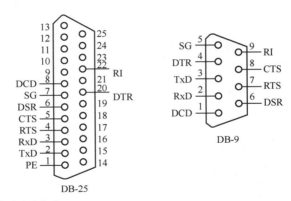

图 3-8 DB-25 和 DB-9 类型的连接器

另外，RS-232C 标准规定，若不使用 Modem（调制解调器），在误码率小于 4% 的情况下，通信双方最大传输距离为 15m。

2. RS-232C 的信号特性

RS-232C 标准中定义的接口信号线有 25 根，其中有 4 根数据线、11 根控制线、3 根定时线、7 根备用和未定义线。但常用的只有 9 根信号线，介绍如下。

● 数据装置准备好（Data Set Ready，DSR）信号线，该信号线为有效状态时，表明数据通信设备（Data Communication Equipment，DCE）处于可以使用的状态。

● 数据终端准备好（Data Terminal Ready，DTR）信号线，该信号为有效状态时，表明数据终端设备（Data Terminal Equipment，DTE）可以使用。

这两根信号线有时直接连到电源正极上，一上电就立即有效。这两个设备状态信号有效，只表示设备本身可用，并不说明通信链路可以开始进行通信，能否开始进行通信要由下面的控制信号决定。

● 请求发送（Request to Send，RTS）信号线，用来表示 DTE 请求向 DCE 发送数据，即当 DTE 要发送数据时，使该信号有效，向 DCE 请求发送。它用来控制 DCE 是否要进入发送状态。

● 允许发送（Clear to Send，CTS）信号线，用来表示 DCE 准备好接收 DTE 发来的数据，是对 RTS 信号的响应信号。当 DCE 已准备好接收 DTE 传来的数据，并向前发送时，使该信号有效，通知 DTE 开始沿发送数据信号线发送数据。

这对 RTS/CTS（请求 / 应答）联络信号用于半双工系统中发送方式和接收方式的切换。在全双工系统中因配置双向通道，故发送方式和接收方式的切换不需要 RTS/CTS 联络信号，应该使其接高电平。

● 接收信号线检测（Received Line Signal detection，RLSD）信号线，用来表示 DCE 已接通通信链路，告知 DTE 准备接收数据。当本地的 DCE 收到由通信链路另一端（远地）的 DCE 送来的载波信号时，使 RLSD 信号有效，通知 DTE 准备接收，并且由 DCE 将接收下来的载波信号解调成数字数据后，沿接收数据信号线送到终端。此线也叫作数据载波检测（Data Carrier Detection，DCD）信号线。

● 振铃指示（Ringing，RI）信号线，当 DCE 收到交换机送来的振铃呼叫信号时，使该信号有效，通知 DTE 已被呼叫。

● 发送数据（Transmitted Data，TxD）信号线，通过 TxD 信号线，DTE 将串行数据发送到 DCE。

● 接收数据（Received Data，RxD）信号线，通过 RxD 信号线，DTE 接收从 DCE 发来的串行数据。

● SG 信号线，信号地线，无方向。

3. RS-232C 的电气特性

RS-232C 对电气特性（EIA 电平）的规定如下。

● 在 TxD 和 RxD 信号线上，逻辑 1 的电平为 -15V~-3V，逻辑 0 的电平为 +3V~+15V。

● 在 RTS、CTS、DSR、DTR 和 DCD 等控制信号线上，信号有效（接通状态，正电压）的电平为 +3V~+15V，信号无效（断开状态，负电压）的电平为 -15V~-3V。

以上规定说明了 RS-232C 标准对逻辑电平的定义。它表明 RS-232C 标准中表示 0、1 状态的逻辑电平，与嵌入式微处理器中表示 0、1 状态的逻辑电平不同。因此，在嵌入式系统的 RS-232C 接口中必须设计电平转换电路。实现这种转换的集成电路芯片有多种，使用较广泛的芯片为 MAX232，它可实现 TTL（Transistor-Transistor Logic，晶体管 - 晶体管逻辑）电平与 EIA 电平之间的双向电平转换。

4. 使用 RS-232C 通信时应注意的事项

使用 RS-232C 接口可以进行近距离通信（传输距离小于 15m 的通信），也可以进行远距离通信。在进行远距离通信时，一般要加调制解调器（Modem），并借助公用电话网，因此使用的信号线较多，基于 RS-232C 的远距离通信系统如图 3-9 所示。

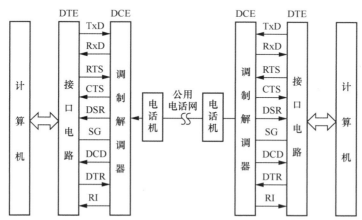

图 3-9　基于 RS-232C 的远距离通信系统

通信时，首先发送方通过程序（模拟电话机的呼叫动作）拨号呼叫接收方，电话交换机向接收方发出拨号呼叫信号，当接收方的 DCE（Modem）收到该信号后，使 RI 信号有效，通知接收方的 DTE 已被呼叫。当接收方"摘机"后，两方建立通信链路。此后，DTE 若要发送数据，则先发出 RTS 信号，此时若 DCE 允许传输，则向 DTE 回答 CTS 信号，当 DTE 获得 CTS 信号后，通过 TxD 信号线向 DCE 发出串行数据，DCE 再将这些数据调制成模拟信号（又称载波信号），传给接收方。一般情况下，可直接将 RTS/CTS 接高电平，即只要通信链路建立，就可传输数据。在向 DTE 的"数据输出寄存器"传输新的数据之前，应检查 DCE 的状态和数据输出寄存器是否为空。

当接收方的 DCE 收到载波信号后，向对方的 DTE 发出 DCD 信号，通知其 DTE 准备接收，同时将载波信号解调为数据信号，从 RxD 信号线上传给 DTE，DTE 通过串行接收移位寄存器对接收到的位流进行移位，当收到一个字符的全部位流后，把该字符的数据位送到数据输入寄存器，即完成一个字符的接收。

当进行近距离通信时，可以不需要 Modem，通信双方可以直接连接。这种情况下，只需使用少数几根信号线。最简单的情况是，在通信中根本不需要 RS-232C 的控制联络信号，只需 3 根信号线（发送信号线、接收信号线、信号地线）便可实现异步串行通信。无 Modem 时，RS-232C 标准规定最大通信距离按如下方式计算。

当误码率小于 4% 时，要求导线的总电容值应小于 2500pF。对于普通导线，其电容值约为 170pF/m，则允许距离 $L=2500\text{pF}/(170\text{pF/m})\approx15\text{m}$。这一距离的计算是偏于保守的，实际应用中，当使用 9600bit/s、普通双绞屏蔽线时，通信距离可为 30~35m。

3.3.3　龙芯 1B 芯片的 UART 部件

龙芯 1B 芯片中集成了 1 个全功能串口、1 个四线串口和 4 个两线串口。其中，1 个全功能串口可以通过引脚复用方式设置成 4 个两线串口，1 个四线串口可以通过引脚复用方式设置成 2 个两线串口，另外 CAN0/CAN1 也可以复用成两线串口，因此龙芯 1B 芯片可以设置成 12 个两线串口。所有串口支持全双工异步数据发送/接收、可编程数据格式、接收超时检测以及带仲裁的多中断功能。

龙芯 1B 芯片的 UART 控制器具有 4 个模块，即发送和接收模块、Modem 模块、中断仲裁模块、访问寄存器模块，这些模块之间的关系如图 3-10 所示。

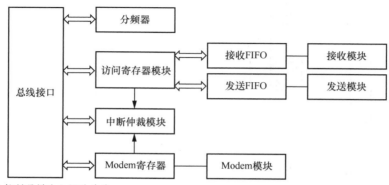

图 3-10　UART 控制器模块之间的关系

图 3-10 中的分频器用于对输入时钟进行分频，以得到合适频率的工作时钟，其输入时钟为 DDR_CLK 的二分频。

图 3-10 中的发送和接收模块负责处理数据帧的发送与接收，发送模块将 FIFO（First In First Out，先进先出）队列中的数据按设定好的格式把并行数据转换为串行数据帧，并通过发送端将数据帧发送出去；接收模块则监视接收端信号，一旦出现有效起始位，就进行接收，并实现将接收到的异步串行数据帧转换为并行数据，存入 FIFO 接收队列中，同时检查数据帧格式是否有错。UART 的帧结构是通过线路控制寄存器（Line Control Register，LCR）设置的，发送和接收器的状态被保存在线路状态寄存器（Line Status Register，LSR）中。

图 3-10 中的 Modem 寄存器包括 Modem 控制寄器（Modem Status Register，MSR）和 Modem 状态寄存器（Modem Status Register，MSR），Modem 控制寄存器控制着输出信号 DTR 和 RTS 的状态。同时 Modem 接口中还可以监视输入信号 DCD、CTS、DSR 和 RI 的线路状态，并将这些信号的状态记录在 Modem 状态寄存器的相应位中。

在图 3-10 的中断仲裁模块中，当任何一种中断条件被满足，并且在中断使能寄存器（Interrupt Enable Registor，IER）中相应位置 1 时，UART 的中断请求信号 UAT_INT 被置为有效状态。为了减少和外部软件的交互，UART 把中断分为 4 个级别，并且在中断标识寄存器（Interrupt Identification Registor，IIR）中标识这些中断。4 个级别的中断按优先级由高到低的排列顺序为：接收线路状态中断、接收数据准备好中断、传输拥有寄存器为空中断、Modem 状态中断。

在图 3-10 的访问寄存器模块中，当 UART 模块被选中时，CPU 可通过读或写操作访问被地址线选中的寄存器。龙芯 1B 芯片的两线串口一共可以被设置成 12 个，它们的地址如表 3-3 所示。

表 3-3　龙芯 1B 芯片的两线串口地址

寄存器地址名称	对应地址值
UART0 寄存器基地址	0xbfe40000
UART0_1（复用）寄存器基地址	0xbfe41000
UART0_2（复用）寄存器基地址	0xbfe42000
UART0_3（复用）寄存器基地址	0xbfe43000
UART1 寄存器基地址	0xbfe44000
UART1_1（复用）寄存器基地址	0xbfe45000
UART1_2（与 CAN0 复用）寄存器基地址	0xbfe46000
UART1_3（与 CAN1 复用）寄存器基地址	0xbfe47000
UART2 寄存器基地址	0xbfe48000
UART3 寄存器基地址	0xbfe4c000
UART4 寄存器基地址	0xbfe6c000
UART5 寄存器基地址	0xbfe7c000

上述 12 个串口可以分别独立进行串行通信，其内部的功能寄存器完全一样。下面对几个常用的 UART 功能寄存器的格式进行介绍。

（1）线路控制寄存器。线路控制寄存器主要用来设置 UART 异步通信的数据格式，寄存器的位宽是 8 位，复位时的初始值是 0x03。线路控制寄存器格式如表 3-4 所示。

表 3-4　线路控制寄存器格式（偏移地址为 0x00000003）

位域	位域名称	读 / 写	说明
7	DIAB	可读可写	分频锁存器访问使能位。 1 表示访问分频锁存器，0 表示访问正常寄存器
6	BCB	可读可写	中断通信控制位。 1 表示中断状态（串口输出被强制置 0），0 表示正常通信
5	SPB	可读可写	指定奇偶校验位。 1 表示指定，0 表示不指定
4	EPS	可读可写	在需要奇偶校验时，确定是奇校验还是偶校验。 1 表示偶校验，0 表示奇校验
3	PE	可读可写	使能奇偶校验位。 1 表示使能，0 表示不使能
2	SB	可读可写	确定停止位。 1 表示 2 位停止位，0 表示 1 位停止位
1:0	BEC	可读可写	确定数据位。 00 表示 5 位数据位，01 表示 6 位数据位，10 表示 7 位数据位，11 表示 8 位数据位

（2）线路状态寄存器。线路状态寄存器主要用来记录 UART 串行通信时的各种状态，寄存器的位宽是 8 位，复位时的初始值是 0x0。线路状态寄存器格式如表 3-5 所示。

表 3-5　线路状态寄存器格式（偏移地址为 0x00000005）

位域	位域名称	读 / 写	说明
7	ERROR	只读	错误指示位。 1 表示奇偶校验错误或帧错误 / 中断，0 表示无错误
6	TE	只读	传输为空指示位。 1 表示传输 FIFO 及移位寄存器均为空，0 表示不为空
5	TFE	只读	传输 FIFO 为空指示位。 1 表示传输 FIFO 为空，0 表示不为空
4	BI	只读	中断指示位。 1 表示有中断，0 表示没有中断
3	FE	只读	帧错误指示位。 1 表示有帧错误，0 表示没有帧错误

位域	位域名称	读 / 写	说明
2	PE	只读	奇偶校验错误指示位。 1 表示有奇偶校验错误，0 表示没有奇偶校验错误
1	OE	只读	数据溢出指示位。 1 表示有数据溢出，0 表示没有数据溢出
0	DR	只读	接收数据有效指示位。 1 表示接收到有效数据，0 表示无数据

（3）分频锁存器。分频锁存器用来存放波特率计算时需要的除数，它是通过通信时所用的波特率与通信时钟频率计算得到的。分频锁存器有 2 个，分别称为分频锁存器 1（DIV_LSB）和分频锁存器 2（DIV_MSB），它们的位宽均是 8 位，复位时的初始值是 0x0。分频锁存器 1 和分频锁存器 2 的格式分别如表 3-6 和表 3-7 所示。

表 3-6　分频锁存器 1 的格式（偏移地址为 0x00000000）

位域	位域名称	位宽	访问	描述
7:0	LSB	8 位	可读可写	存放分频锁存器的低 8 位

表 3-7　分频锁存器 2 的格式（偏移地址为 0x00000001）

位域	位域名称	位宽	访问	描述
7:0	MSB	8 位	可读可写	存放分频锁存器的高 8 位

分频锁存器的值与波特率之间的关系可以用下面的公式表示。

$$分频锁存器的值 = DDR\_CLK / (32× 波特率)$$

公式中的 DDR_CLK 是系统时钟模块产生的系统时钟之一，是由外部晶振电路及系统 PLL 模块产生的时钟分频得到的。

（4）中断使能寄存器。UART 部件中的中断使能寄存器用于允许 / 禁止串行通信中的各个中断请求信号的产生，寄存器的位宽均是 8 位，复位时的初始值是 0x00。中断使能寄存器格式如表 3-8 所示。

表 3-8　中断使能寄存器格式（偏移地址为 0x00000001）

位域	位域名称	读 / 写	说明
7:4	保留	—	0b0000
3	IME	可读可写	Modem 状态中断使能位。 1 表示使能，0 表示禁止
2	ILE	可读可写	接收器线路状态中断使能位。 1 表示使能，0 表示禁止
1	ITXE	可读可写	发送保存寄存器为空状态中断使能位。 1 表示使能；0 表示禁止
0	IRXE	可读可写	接收有效数据中断使能位。 1 表示使能，0 表示禁止

3.3.4 UART 部件的应用示例

示例 3-3：假设以龙芯 1B 芯片为核心的嵌入式系统中，需要用 UART3 串口来进行通信，请编写相关的串口初始化函数，以及发送和接收函数。具体代码如下。

```c
#define IER3 (*(volatile unsigned char *)0xbfe4c001)
#define FIFO3 (*(volatile unsigned char *)0xbfe4c002)
#define MODEM3 (*(volatile unsigned char *)0xbfe4c004)
#define LCR3 (*(volatile unsigned char *)0xbfe4c003)
#define LSR3 (*(volatile unsigned char *)0xbfe4c005)
#define DIV_LSB3 (*(volatile unsigned char *)0xbfe4c000)
#define DIV_MSB3 (*(volatile unsigned char *)0xbfe4c001)
#define send3(ch) (*(volatile unsigned char *)0xbfe4c000)=(unsigned char)(ch)
#define DATA3 (*(volatile unsigned char *)0xbfe4c000)
// 串口初始化函数
// 参数 parity 代表奇偶校验
// 参数 stop 代表停止位，为 1 时代表 2 位停止位，为 0 时代表 1 位停止位
// 参数 data 代表数据位，为 0 时代表 5 位，为 1 时代表 6 位，为 2 时代表 7 位，为 3 时代表 8 位
// 参数 baud 代表波特率
int UART_init(int parity, int stop, int data, int baud)
{
        unsigned int divisor;
        GPIOCFG1 |= 0x03000000;     // 设置 GPIO56、GPIO57 为 UART3_RX、UART3_TX
        // 设置 GPIO56 为输入、GPIO57 为输出
        GPIOOE1 = (GPIOOE1 & 0xfdffffff) | 0x01000000;
        IER3 =0x00;                    // 禁止中断
        FIFO3 = 0x00;                  //FIFO 不使能
        MODEM3 = 0x00;
        // 设置线路控制寄存器，并使能分频锁存器的读 / 写
        LCR3 = (1 << 7) | (parity << 3) | (stop << 2) | (data);
        // 设置波特率
        bus_clk = LS1x_BUS_FREQUENCY(CPU_XTAL_FREQUENCY);   // 获取总线频率
        divisor = bus_clk / baud / 16;                      // 计算分频锁存器的参数
        DIV_LSB3 = (unsigned char)(divisor & 0xff); // 低 8 位写入分频锁存器 1
        DIV_MSB3 = (unsigned char)((divisor >> 8) & 0xff); // 高 8 位写入分频锁存器 2
        LCR3 &= 0x7f;                                       // 设置访问正常寄存器
        return 0;
}
```

```
// 发送函数
// 参数 data_ch 是要发送的字符（数据）
int UART_send(unsigned char data_ch)
{
    while((LSR3 & 0x20) != 0x20);           // 判断发送寄存器是否为空
    send3(data_ch);                         // 发送，send3 是已经定义的
    return 0;
}
// 接收函数
// 参数 *data_ch 是接收字符的指针
int UART_receive(unsigned char *data_ch)
{
    while((LSR3 & 0x01) != 0x01);           // 判断接收寄存器中是否有数据
    *data_ch=DATA3;                         // 接收
    return 0;
}
```

3.4　SPI 部件

SPI（Serial Peripheral Interface，串行外围设备接口）总线用于同步串行通信。同步串行通信需要通信双方的时钟信号严格同步，它与异步串行通信不同，每一字节发送完后，均需要靠起始位来标识下一字节的发送。因此，同步串行通信中的数据块通常包含多个字节，通过同步符标识通信的开始，然后在严格同步的时钟信号控制下，完成每一位数据的发送 / 接收。

龙芯 1B 芯片中的同步串行通信接口有多种，如 SPI、I²C 等，本节主要介绍 SPI。

3.4.1　SPI 基本原理

SPI 通常用于嵌入式微处理器与系统外围设备（如 LCD 驱动器、网络控制器、A/D 转换器、SPI 的存储器等）进行串行方式的数据交换。通过 SPI 总线，微处理器芯片可以直接与不同厂家生产的具有 SPI 的外围设备连接。

支持 SPI 标准的总线一般包含 4 根信号线。

● **SCLK**：时钟信号线，时钟信号通常由 SPI 主控器产生，是通信双方数据位发送 / 接收的同步信号。

● **MISO**：串行的主控器数据输入 / 从器件数据输出信号线。

● **MOSI**：串行的主控器数据输出 / 从器件数据输入信号线。

● **nSS**：或标记为 CS，从器件的使能信号，即从器件选择信号，由 SPI 主控器控制。

图 3-11 是一个基于 SPI 总线的多器件连接示意图。系统中有一个总线主控器，其他器件为从

器件。所有器件的 SCLK、MISO、MOSI 信号线连接在一起，而 nSS 信号线分开，由主控器分别控制从器件的使能信号。

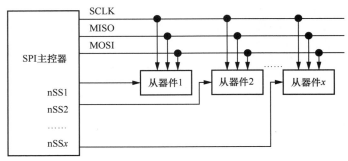

图 3-11　一个基于 SPI 总线的多器件连接示意图

　　SPI 总线控制器中通常有 3 种类型的寄存器，分别是控制寄存器 SPCR、状态寄存器 SPSR、数据寄存器 SPDR，并且内部还有两个 8 位的移位寄存器，用于发送和接收。在主控器产生从器件的使能信号后，启动时钟信号 SCLK 作为移位脉冲，数据按位一位一位地进行传输，高位在前，低位在后。SPI 总线标准中没有设计应答机制，因此接收方是否正确收到数据无法确认。

3.4.2　龙芯 1B 芯片的 SPI 部件

　　龙芯 1B 芯片内部集成了 2 个 SPI 部件——SPI0 和 SPI1，它们只作为 SPI 总线的主控器使用，可以连接 SPI 总线的从器件。SPI0 的内部结构如图 3-12 所示（SPI1 的内部结构与 SPI0 的类似，但不支持系统从 SPI Flash 存储器直接启动）。

　　图 3-12 中，SPI0 的内部由 AXI（Advanced eXtensible Interface，高级可扩展接口）、SPI 主控器、SPI Flash 读引擎、SPI 总线选择等模块组成。AXI 上的合法请求将根据访问的地址和类型转发到 SPI 主控器或者 SPI Flash 读引擎，非法的请求将被舍弃。

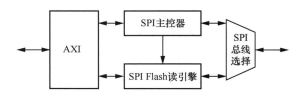

图 3-12　SPI0 的内部结构

　　图 3-12 中的 SPI Flash 读引擎可以控制直接读取 SPI Flash 存储器中的内容，从而支持 CPU 核从 SPI Flash 存储器直接启动，而不需要软件干预，但这时需要把 SPI Flash 存储器地址映射在 0xbfc00000 开始的地址空间。

　　图 3-12 中的 SPI 主控器内部还有一些 I/O 端口的系统寄存器。SPI 主控器的结构如图 3-13 所示。

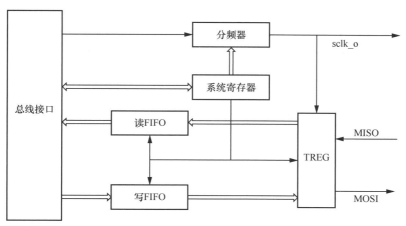

图 3-13　SPI 主控器的结构

　　图 3-13 中的系统寄存器，包括控制寄存器、状态寄存器、数据寄存器、外部寄存器等，其基地址是 0xbfe80000。表 3-9~表 3-12 给出了几个主要的寄存器格式。

表 3-9　控制寄存器 SPCR 格式（偏移地址为 0x00000000）

位域	位域名称	读 / 写	说明
7	SPIE	可读可写	中断输出使能位。1 表示允许，0 表示禁止
6	SPE	可读可写	系统工作使能位。1 表示允许，0 表示禁止
5	RESERVED	可读可写	保留
4	MSTR	可读可写	SPI 主控器模式选择位，此位始终为 1
3	CPOL	可读可写	时钟极性位
2	CPHA	可读可写	时钟相位位。1 表示相位相反，0 表示相位相同
1:0	SPR	可读可写	sclk_o 分频设定，需要与 SPER 寄存器的 SPRE 位一起使用

表 3-10　状态寄存器 SPSR 格式（偏移地址为 0x00000001）

位域	位域名称	读 / 写	说明
7	SPIF	可读可写	中断标志位。1 表示有中断，0 表示无中断。 注：向 SPIF 位写入 1 时将会使该位清零
6	WCOL	可读可写	写寄存器溢出标志位。1 表示有溢出，0 表示无溢出。 注：向 WCOL 位写入 1 时将会使该位清零
5:4	RESERVED	可读可写	保留
3	WFFULL	可读可写	写寄存器满标志位。1 表示已满，0 表示不满
2	WFEMPTY	可读可写	写寄存器空标志位。1 表示已空，0 表示不空
1	RFFULL	可读可写	读寄存器满标志位。1 表示已满，0 表示不满
0	RFEMPTY	可读可写	读寄存器空标志位。1 表示已空，0 表示不空

表 3-11　数据寄存器 SPDK（TxFIFO/ RxFIFO）格式（偏移地址为 0x00000002）

位域	位域名称	读 / 写	说明
7:0	DATA	可读可写	保存传输的数据

表 3-12　外部寄存器 SPER 格式（偏移地址为 0x00000003）

位域	位域名称	读 / 写	说明
7:6	ICNT	可读可写	在输出完多少字节（B）后产生中断请求信号。00 表示 1B，01 表示 2B，10 表示 3B， 11 表示 4B
5:3	RESERVED	可读可写	保留
2	MODE	可读可写	SPI 接口模式控制位。1 表示采样与发送错开半周期，0 表示采样与发送同时
1:0	SPRE	可读可写	sclk_o 分频设定，需要与控制寄存器 SPCR 的 SPR 位一起使用

表 3-12 中的 sclk_o 分频系数的设定如表 3-13 所示，被分频的时钟频率是 DDR_CLK。

表 3-13　sclk_o 分频系数的设定

SPRE 位	00	00	00	00	01	01	01	01	10	10	10	10
SPR 位	00	01	10	11	00	01	10	11	00	01	10	11
分频系数	2	4	16	32	8	64	128	256	512	1024	2048	4096

3.5　I²C 部件

I²C（Inter-Integrated Circuit）总线也是一种嵌入式系统中常用的同步串行通信总线，可以达到 100kbit/s 的数据传输速率，是一种易实现、低成本、中速的嵌入式系统硬件模块之间的连接总线。

3.5.1　I²C 总线协议结构

I²C 总线协议包含 2 层协议：物理层和数据链路层。

1. 物理层

I²C 总线只使用了两根信号线：串行数据（Serial Data，SDA）信号线用于数据的发送和接收；串行时钟（Serial Clock，SCL）信号线用于指示什么时候数据线上是有效数据，即数据同步。

图 3-14 所示是一个典型的 I²C 总线网络物理连接结构。网络中的每一个节点都被连接到 SCL 和 SDA 信号线上，需要某些节点起到总线主控器的作用，总线上可以有多个主控器。其他节点响应总线主控器的请求，是总线从器件。

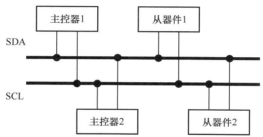

图 3-14　一个典型的 I²C 总线网络物理连接结构

图 3-15 展示了 I²C 总线节点内部结构。I²C 总线标准中没有规定逻辑 0 和 1 所使用电平的高低，因此双极性电路或 MOS 集成电路都能够连接到总线上。所有的总线信号使用开放集电极或开放漏电极电路。通过一个上拉电阻使信号的默认状态保持为高电平，当传输逻辑 0 时，每一根总线所接的晶体管起到下拉该信号电平的作用。开放集电极或开放漏电极信号允许一些设备同时写总线而不引起电路故障。

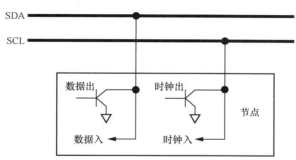

图 3-15　I²C 总线节点内部结构

I²C 总线被设计成多主控器总线结构，不同节点中的任何一个可以在不同的时刻起主控器的作用，因此总线上不存在一个全局的主控器在 SCL 信号线上产生时钟信号。而当输出数据时，主控器就同时驱动 SDA 信号和 SCL 信号。当总线空闲时，SDA 信号和 SCL 信号都保持高电平。当总线上有两个节点试图同时改变 SDA 或 SCL 信号到不同的电平时，开放集电极或开放漏电极电路能够防止出错。但是每一个主控器在传输时必须监听总线状态以确保报文之间不互相影响，如果主控节点收到了不同于它要传输的值，它就知道在报文发送过程中产生了干扰。

2. 数据链路层

每一个连接到 I²C 总线上的设备都有唯一的地址。在标准的 I²C 总线定义中，设备地址是 7 位二进制数（扩展的 I²C 总线允许 10 位地址）。地址 0000000B 一般用于发出通用呼叫或总线广播，总线广播可以同时给总线上的所有设备发出信号。地址 11110XXB 为 10 位地址机制保留，还有一些其他的保留地址。

在 I²C 总线上从器件是不能主动进行数据发送的，所以主控器需要读从器件时，它必须发送一个带有从器件地址的读请求，以便让从器件发送数据。主控器的地址中包括 7 位地址和 1 位数据传输方向位。数据传输方向位为 0 时代表从主控器写到从器件，为 1 时代表从从器件读到主控器。

一个 I²C 总线的通信由一个开始信号启动，以一个结束信号标识完成，其通信时序如图 3-16 所示。

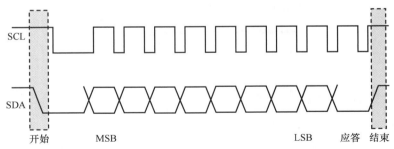

图 3-16　一个 I²C 总线的通信时序

从图 3-16 中我们可以看到，I²C 通信的开始信号是通过保持 SCL 信号为高电平，在此期间 SDA 信号由逻辑 1 跳变到逻辑 0 来产生的；结束信号是通过保持 SCL 信号为高电平，在此期间 SDA 信号由逻辑 0 跳变到逻辑 1 来产生的。

I²C 总线主控器发出开始信号后，通常首先发送从器件的地址字节（包含数据传输方向位），然后根据数据传输方向来进行数据字节的发送或接收。字节发送是高位（MSB）在前、低位（LSB）在后。每个字节传输完成后，通常均需要确认对方的应答位，应答位由接收方产生，它是在字节传输完成后，第 9 个 SCL 时钟信号出现时，发送方释放 SDA 信号，由接收方控制 SDA 信号线上出现低电平信号。

I²C 总线上的典型总线通信示例如图 3-17 所示（其中，S 代表开始，P 代表结束）。第一个示例中，主控器向从器件写入两个字节的数据。第二个示例中，主控器向从器件请求一个读数据操作。第三个示例中，主控器只向从器件写入一个字节的数据，然后发送另一个开始信号来启动从从器件中的读数据操作。

S	7位地址	0	数据	数据	P

S	7位地址	1	数据	P

S	7位地址	0	数据	S	7位地址	1	数据	P

图 3-17　I²C 总线上的典型总线通信示例

由于 I²C 总线允许多总线主控器，因此需要总线仲裁机制。每个报文在发送时，发送节点监听总线，如果节点试图发送一个逻辑 1，但监听到总线上是另一个逻辑 0 时，它会立即停止发送并且把优先权让给其他发送节点，也就是说，低电平具有更高的优先权。在许多情况下，仲裁在传送地址部分时完成。

3.5.2　龙芯 1B 芯片的 I²C 部件

龙芯 1B 芯片中集成了 3 路 I²C 总线接口，其中第二路和第三路通过复用 CAN 总线的发送和接收引脚实现。I²C 主控器的内部结构如图 3-18 所示。

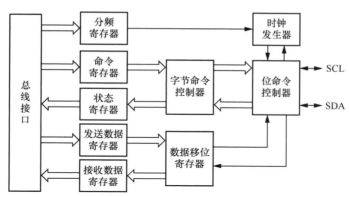

图 3-18 I²C 主控器的内部结构

图 3-18 中，I²C 主控器的内部主要包括的功能模块有时钟发生器、字节命令控制器、位命令控制器、数据移位寄存器，以及一些命令、状态、数据寄存器等。

● 时钟发生器。时钟发生器用来产生分频时钟，作为 I²C 总线通信的工作时钟。

● 字节命令控制器。字节命令控制器将对 I²C 总线的字节操作分解为对命令寄存器和状态寄存器的位操作，用户可以通过写命令寄存器的某一位来达到相应的控制效果，或者通过读状态寄存器的某一位来知晓线路目前的状态。

● 位命令控制器。位命令控制器负责实际数据的传输。

● 数据移位寄存器。数据移位寄存器负责将并行数据转换为串行数据并移位输出，或者输入时将串行数据转换为并行数据。

在龙芯 1B 芯片中的 3 路 I²C 总线接口中，I²C0 寄存器基地址为 0xbfe58000、I²C1 寄存器基地址为 0xbfe68000、I²C2 寄存器基地址为 0xbfe70000。表 3-14~ 表 3-18 给出了几个主要的寄存器格式。

表 3-14 命令寄存器（CR）格式（偏移地址为 0x00000004）

位域	位域名称	读 / 写	说明
7	STA	只写	产生 START 信号。1 表示产生，0 表示不产生
6	STO	只写	产生 STOP 信号。1 表示产生，0 表示不产生
5	RD	只写	产生读信号。1 表示产生，0 表示不产生
4	WD	只写	产生写信号。1 表示产生，0 表示不产生
3	ACK	只写	产生应答信号。1 表示产生，0 表示不产生
2:1	reserved	只写	保留
0	IACK	只写	产生中断应答信号。1 表示产生，0 表示不产生

表 3-15　控制寄存器（CTR）格式（偏移地址为 0x00000002）

位域	位域名称	读 / 写	说明
7	EN	可读可写	工作使能位。 1 表示正常工作模式，0 表示对分频寄存器进行读 / 写模式
6	IEN	可读可写	中断使能位。1 表示使能（允许），0 表示不使能（禁止）
5:0	reserved	可读可写	保留

注：命令及控制寄存器用于控制 I^2C 总线产生开始、结束、读、写、应答、中断应答等信号。

表 3-16　状态寄存器（SR）格式（偏移地址为 0x00000004）

位域	位域名称	读 / 写	说明
7	RxACK	只读	收到应答位的标志。 1 表示没有收到应答位，0 表示收到应答位
6	Busy	只读	总线忙标志位。1 表示总线忙，0 表示总线空闲
5	AL	只读	当 I^2C 核失去 I^2C 总线控制权时，该位置 1
4:2	reserved	只读	保留
1	TIP	只读	总线传输状态标志位。 1 表示总线正在传输数据，0 表示总线数据传输完毕
0	IF	只读	中断标志位。 当数据传输完成或者另一个模块发起数据传输时置 1

注：状态寄存器记录了线路状态，如是否应答、总线是否被占用、是否传输完毕、中断标志等。

表 3-17　发送数据寄存器（TXR）格式（偏移地址为 0x00000003）

位域	位域名称	读 / 写	说明
7:1	TXR	只写	需要发送的数据（或地址）7~1 位
0	DRW	只写	当传输数据时，该位保存的是数据最低位。 当传输地址时，该位保存的是读、写操作的命令位

表 3-18　接收数据寄存器（RXR）格式（偏移地址为 0x00000003）

位域	位域名称	读 / 写	说明
7:0	RXR	只读	接收到的数据（或地址）7~0 位

　　I^2C 总线通信中需要的 SCL 信号是通过对 DDR_CLK 时钟频率进行分频得到的，它们的关系可以用下面的公式表示。

$$分频系数 = DDR\_CLK / (10 \times SCL\ 时钟频率值) - 1$$

　　在实际应用时，SCL 时钟频率值通常是已知值，它将根据实际要求确定；DDR_ CLK 是系统时钟频率，也是已知值。因此通过上述公式计算出分频系数，然后将该系数存储于 I^2C 总线模块的分频锁存器中。在启动 I^2C 总线模块工作后，即能按照实际要求产生 SCL 信号，以便控制串行数据传输。分频系数锁存器的格式如表 3-19 和表 3-20 所示。

表 3-19　低 8 位分频系数锁存器（PRERlo）的格式（偏移地址为 0x00000000）

位域	位域名称	读 / 写	说明
7:0	PRERlo	可读可写	分频系数的低 8 位，初始值为 0xff

表 3-20　高 8 位分频系数锁存器（PRERhi）的格式（偏移地址为 0x00000001）

位域	位域名称	读 / 写	说明
7:0	PRERhi	可读可写	分频系数的高 8 位，初始值为 0xff

3.6　定时部件

定时部件是嵌入式系统中常用的部件，其主要实现定时功能或计数功能。不同的定时部件在使用上有所差异，但它们的工作原理是相同的。本节通过讲解龙芯 1B 芯片中的定时部件，介绍定时部件的工作原理及一些定时部件。

3.6.1　定时部件的工作原理

定时器或计数器的逻辑电路本质上相同，区别主要在用途上。它们都是主要由带有保存当前值的寄存器和当前寄存器值加 1 或减 1 的逻辑电路组成的。在应用时，定时器的计数信号是由内部的、周期性的时钟信号控制的，以便产生具有固定时间间隔的脉冲信号，实现定时的功能。而计数器的计数信号是由非周期性的信号控制的，通常是外部事件产生的脉冲信号，以便对外部事件发生的次数进行计数。因为同样的逻辑电路可用于这两个目的，所以该功能部件通常被称为"定时 / 计数器"。

图 3-19 是定时 / 计数器内部工作原理示意图，它以一个 N 位的加 1 或减 1 计数器为核心，计数器的初始值通过编程设置，计数脉冲的来源有两类：系统时钟和外部事件脉冲。

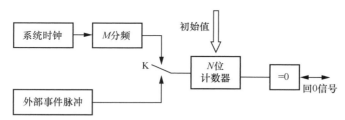

图 3-19　定时 / 计数器内部工作原理示意图

若编程设置定时 / 计数器为定时工作方式，则 N 位计数器的计数脉冲来源于系统时钟，并经过 M 分频。每个计数脉冲使计数器加 1 或减 1，当 N 位计数器里的数加到 0 或减到 0 时，会产生一个"回 0 信号"，该信号有效时表示 N 位计数器里的当前值是 0。由于系统时钟的频率是固定的，其 M 分频后所得到的计数脉冲频率也就是固定的，因此通过对该频率脉冲计数就可实现定时功能。

若编程设置定时 / 计数器为计数工作方式，则 N 位计数器的计数脉冲来源于外部事件脉冲。有一个外部事件脉冲，计数器加 1 或减 1，直到 N 位计数器中的值为 0，产生"回 0 信号"。

对于 N 位计数器里初始值的计算，在不同的定时部件中具体的公式是不同的。但这些计算公式的原理基本相似，即若在定时工作方式下，N 位计数器的初始值由计数脉冲的频率和所需的定时间隔确定；若在计数工作方式下，则直接是所需的计数设定值。

3.6.2 PWM 部件

PWM 部件指的是脉冲宽度调制部件，主要应用于直流电动机、步进电动机等转速控制的场合。PWM 部件实际上是一个定时器，通过改变定时器的某些参数来改变"回 0 信号"输出脉冲的周期或者脉冲宽度，从而改变输出脉冲的平均电压值或进行变频。

龙芯 1B 芯片内部集成了 4 路 PWM 部件，分别称为 PWM0、PWM1、PWM2、PWM3。这 4 路 PWM 部件的控制原理是相同的，且相互独立工作，每一路 PWM 部件均有计数回到 0 的脉冲输出信号。

每一路 PWM 部件均有 4 个寄存器：主计数器（CNTR）、高脉冲定时参考寄存器（HRC）、低脉冲定时参考寄存器（LRC）、控制寄存器（CTRL）。CNTR、HRC、LRC 均是 24 位寄存器。其中，CNTR 实际上是一个加 1 计数器，其初始值可以编程写入。当启动 CNTR 工作后，CNTR 在系统工作时钟的控制下一拍一拍地进行加 1。若 CNTR 中的值等于 HRC 中的值，则"回 0 信号"输出脉冲为高电平；若 CNTR 中的值等于 LRC 中的值，则"回 0 信号"输出脉冲为低电平，并且 CNTR 将被清零。

龙芯 1B 芯片中的 4 路 PWM 部件的寄存器基地址如下：PWM0 为 0xbfe5c000、PWM1 为 0xbfe5c010、PWM2 为 0xbfe5c020、PWM3 为 0xbfe5c030。表 3-21~ 表 3-24 给出了几个主要寄存器（计数器）的格式。

表 3-21　CTRL 的格式（偏移地址为 0x0000000c）

位域	位域名称	读 / 写	说明
7	CNTR_RST	可读可写	CNTR 清零位。 1 表示 CNTR 清零，0 表示 CNTR 正常工作
6	INT	可读可写	中断状态位。1 表示有中断产生，0 表示无中断产生。 向该位写入 1 时，清除中断
5	INTE	可读可写	中断使能位。1 表示允许中断，0 表示禁止中断
4	SINGLE	可读可写	单脉冲控制位。1 表示脉冲仅产生一次，0 表示循环产生脉冲
3	OE	可读可写	脉冲输出使能位。1 表示使能输出，0 表示禁止输出
2:1	reserved	可读可写	保留
0	EN	可读可写	CNTR 使能位。1 表示启动计数，0 表示停止计数

表 3-22　CNTR 的格式（偏移地址为 0x00000000）

位域	位域名称	读 / 写	说明
23:0	CNTR_val	可读可写	CNTR 的计数值，初始值为 0

表 3-23 HRC 的格式（偏移地址为 0x00000004）

位域	位域名称	读 / 写	说明
23:0	HRC_val	可读可写	HRC 的计数值，初始值为 0

表 3-24 LRC 的格式（偏移地址为 0x00000008）

位域	位域名称	读 / 写	说明
23:0	LRC_val	可读可写	LRC 的计数值，初始值为 0

例如，若系统要求产生图 3-20 所示的脉冲信号，高脉冲宽度是系统时钟的 50 倍，低脉冲宽度是系统时钟的 90 倍。那么，HRC 中的值需设置为 90-1=89，LRC 中的值需设置为 50+90-1=139，CNTR 的初值为 0。

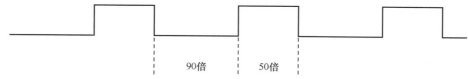

图 3-20 一个脉冲信号

3.6.3 RTC 部件

RTC 部件是实时时钟部件，是用于提供年、月、日、时、分、秒、星期等实时时间信息的定时部件。它通常在系统电源关闭后，由后备电池供电。RTC 部件通常外接 32.768kHz 的晶振，为 RTC 部件内部提供基准工作频率，如图 3-21 所示。

龙芯 1B 芯片中的 RTC 部件能够提供精度为 0.1s 的实时时间信息，其内部具有许多寄存器，其基地址是 0xbfe64000。具体的寄存器如表 3-25 所示。

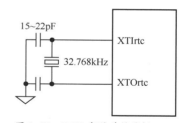

图 3-21 RTC 部件外接晶振

表 3-25 RTC 部件内部的寄存器

名称	地址	位宽（位）	访问	描述
sys_toytrim	0xbfe64020	32	R/W	对 32.768kHz 的分频系数（计数器时钟）
sys_toywrite0	0xbfe64024	32	W	TOY 低 32 位数值写入
sys_toywrite1	0xbfe64028	32	W	TOY 高 32 位数值写入
sys_toyread0	0xbfe6402c	32	R	TOY 低 32 位数值读出
sys_toyread1	0xbfe64030	32	R	TOY 高 32 位数值读出
sys_toymatch0	0xbfe64034	32	R/W	TOY 定时中断 0
sys_toymatch1	0xbfe64038	32	R/W	TOY 定时中断 1
sys_toymatch2	0xbfe6403c	32	R/W	TOY 定时中断 2
sys_rtcctrl	0xbfe64040	32	R/W	TOY 和 RTC 控制寄存器

名称	地址	位宽（位）	访问	描述
sys_rtctrim	0xbfe64060	32	R/W	对 32.768kHz 的分频系数（定时器时钟）
sys_rtcwrite0	0xbfe64064	32	W	RTC 定时计数值写入
sys_rtcread0	0xbfe64068	32	R	RTC 定时计数值读出
sys_rtcmatch0	0xbfe6406c	32	R/W	RTC 定时中断 0
sys_rtcmatch1	0xbfe64070	32	R/W	RTC 定时中断 1
sys_rtcmatch2	0xbfe64074	32	R/W	RTC 定时中断 2

注：表中的 sys_toytrim 和 sys_rtctrim 两个寄存器的值，在复位后是不确定的。若不需要对外部晶振时钟频率进行分频，请对这两个寄存器进行清零，否则 RTC 部件将不能正常工作。访问一列中，R 表示可读，W 表示可写。

表 3-25 中，sys_rtcctrl 寄存器是 TOY 和 RTC 的控制及状态寄存器，而其他寄存器是时间值的读 / 写数据寄存器。下面主要介绍 sys_rtcctrl 寄存器格式，如表 3-26 所示。

表 3-26　sys_rtcctrl 寄存器格式（地址为 0xbfe64040）

位域	位域名称	读 / 写	说明
31:24	reserved	只读	保留，始终为 0
23	ERS	只读	REN 位的写状态位
22:21	reserved	只读	保留，始终为 0
20	RTS	只读	sys_rtctrim 寄存器写状态
19	RM2	只读	sys_rtcmatch2 寄存器写状态
18	RM1	只读	sys_rtcmatch1 寄存器写状态
17	RM0	只读	sys_rtcmatch0 寄存器写状态
16	RS	只读	sys_rtcwrite0 寄存器写状态
15	reserved	只读	保留，始终为 0
14	BP	可读可写	选择时钟源 1 表示选择外部时钟 GPIO08, 0 表示选择 32.768kHz 晶振输入
13	REN	可读可写	RTC 使能位。1 表示使能，0 表示禁止
12	BRT	可读可写	旁路 RTC 分频。 1 表示 RTC 直接被 32.768kHz 晶振驱动, 0 表示正常操作
11	TEN	可读可写	TOY 使能位。1 表示使能，0 表示禁止
10	BIT	可读可写	旁路 TOY 分频。 1 表示 TOY 直接被 32.768kHz 晶振驱动, 0 表示正常操作
9	reserved	只读	保留，始终为 0
8	EO	可读可写	32.768kHz 晶振使能位。1 表示使能, 0 表示禁止
7	ETS	只读	TOY 写使能状态

续表

位域	位域名称	读 / 写	说明
6	reserved	只读	保留，始终为 0
5	32S	只读	32.768kHz 晶振工作状态。1 表示晶振工作，0 表示晶振不工作
4	TTS	只读	sys_toytrim 寄存器写状态
3	TM2	只读	sys_toymatch2 寄存器写状态
2	TM1	只读	sys_toymatch1 寄存器写状态
1	TM0	只读	sys_toymatch0 寄存器写状态
0	TS	只读	sys_toywrite 寄存器写状态

3.6.4 看门狗部件

看门狗定时器（Watch Dog Timer，WDT）也称看门狗部件，是一种定时部件。当系统程序出现功能错乱，引起系统程序死锁时，看门狗部件能中断该系统程序的不正常运行，恢复系统程序的正常运行。

嵌入式系统由于运行环境复杂，即所处运行环境中有较强的干扰信号，或者系统程序本身的不完善，因此不能排除系统程序不会出现死锁现象。在系统中加入看门狗部件，当系统程序出现死锁现象时，看门狗部件可产生一个具有一定时间宽度的复位信号，迫使系统复位，恢复系统正常运行。

龙芯 1B 芯片内部集成了一个看门狗部件，其内部结构如图 3-22 所示。龙芯 1B 芯片中的看门狗部件内部有 3 个寄存器，其格式如表 3-27~ 表 3-29 所示。

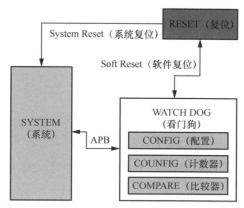

图 3-22　看门狗部件的内部结构

表 3-27　WDT_EN 寄存器格式（地址为 0xbfe5c060）

位域	位域名称	读 / 写	说明
31:1	reserved	只读	保留，始终为 0
0	WDT_EN	可读可写	看门狗使能位。1 表示使能，0 表示禁止

表 3-28　WDT_SET 寄存器格式（地址为 0xbfe5c068）

位域	位域名称	读 / 写	说明
31:1	reserved	只读	保留，始终为 0
0	WDT_SET	可读可写	看门狗中计数器的启动位。1 表示启动，0 表示停止

表 3-29　WDT_timer 寄存器格式（地址为 0xbfe5c064）

位域	位域名称	读 / 写	说明
31:0	WDT_timer	可读可写	看门狗中计数器的计数值

若要启动龙芯 1B 芯片内部的看门狗部件，一般先设置 WDT_EN 寄存器中的看门狗使能位为 1，然后给看门狗中计数器的 WDT_timer 设置一个初值，再通过设置 WDT_SET 寄存器中的 WDT_SET 位为 1，启动看门狗部件工作，其内部计数器开始倒计数，当计数器计数到 0 后，会产生复位信号。

在系统程序正常执行的情况下，系统的软件被设计成在看门狗部件未达到超时限制时，周期性地重置看门狗部件。也就是说，设计者在设计系统程序时，必须在一定的周期（这个周期不能大于看门狗部件所产生的时间间隔）内执行读 / 写看门狗部件的指令，以重置看门狗部件，使其计数器的计数值不会递减到 0，因此也不会产生复位信号。但一旦系统程序出现死锁，就不能周期性地执行重置看门狗部件的指令，因此看门狗部件计数溢出，产生一个"回 0 信号"，利用该信号复位系统，从而使系统程序退出死锁，重新进入正常运行。

第04章

硬件平台三：人机接口设计

人机接口提供了人与嵌入式系统进行信息交互的手段。通过人机接口，人可以给嵌入式系统发送操作指令，嵌入式系统的运行结果也可以通过显示器等方式提交给人。人机接口设备有很多，在嵌入式系统中常用的人机接口设备有键盘、LED 显示器和 OLED 显示器、触摸屏等。

4.1 键盘接口设计

键盘是非常常用的人机输入设备，与通用个人计算机的键盘不一样，嵌入式系统中的键盘所需的按键个数及功能通常根据具体应用来确定，不同应用对应的键盘的按键个数及功能均可能不一致。因此，在进行嵌入式系统的键盘接口设计时，通常需要根据应用的具体要求来设计键盘接口的硬件电路，同时需要完成识别按键动作、生成键码和实现按键具体功能的程序设计。

4.1.1 按键的识别方法

嵌入式系统所用键盘的按键通常由机械开关组成，通过机械开关中的簧片是否接触来断开或者接通电路，以便区分按键处于按下还是释放状态。键盘的接口电路有多种形式，可以用专用芯片来连接机械按键，由专用芯片来识别按键动作并生成键码，然后把键码传输给微处理器；也可以直接由微处理器的 GPIO 引脚来连接机械按键，由微处理器本身来识别按键动作并生成键码。下面我们主要介绍由微处理器的 GPIO 引脚连接键盘时的按键识别方法，掌握了这种识别方法，其他按键识别方法就比较容易理解。

即使采用 GPIO 引脚直接连接机械按键，通常根据应用的要求不同，其接口电路也有所不同。若嵌入式系统所需的键盘中按键较少（一般小于或等于 4 个按键），那么通常会将每个按键分别连在一个输入引脚上，如图 4-1 所示。微处理器根据对应输入引脚上电平是 0 还是 1 来判断按键是否被按下，并实现相应按键的功能。

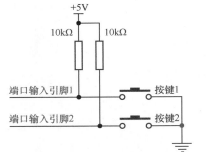

图 4-1 每个按键分别连在一个输入引脚上

若键盘中机械按键较多，那么通常会把按键排成阵列形式，在每一行和每一列的交叉点上放置一个机械按键。一个含有 16 个机械按键的键盘，排列成 4×4 的阵列形式，如图 4-2 所示。对于由原始机械开关组成的阵列式键盘，其接口程序必须实现 3 个功能：去抖动、防串键和产生键码。

抖动是机械开关本身一个非常普遍的问题。它是指当按键被按下时，机械开关在外力的作用下，开关簧片的闭合有一个从断开到不稳定接触，最后到稳定接触的过程。即开关簧片在达到稳定闭合前，会闭合、断开几次。同样

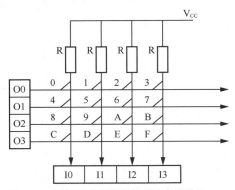

图 4-2 含有 16 个机械按键的键盘的阵列

的现象在按键释放时也存在。开关簧片这种抖动的影响若不设法消除，会使系统误认为按键被按下若干次。按键的抖动时间一般为 10~20ms，去抖动的方法主要有采用软件延时或硬件延时电路。

串键是指多个按键同时被按下时产生的问题。解决的方法主要有软件方法和硬件方法两种。软件方法是用软件扫描键盘，生成键码是在只有一个按键被按下时进行的。若有多个按键被按下，则进行等待或出错处理。硬件方法则是采用硬件电路确保第一个被按下的按键或者最后一个释放的按

键被响应，其他按键即使被按下也不会产生键码被响应。

产生键码是指键盘接口必须把被按下的按键翻译成有限位二进制或十六进制代码，以便微处理器识别。在嵌入式系统中，由于对键盘的要求不同，产生键码的方法也有所不同。例如，可以直接把行信号值和列信号值合并在一起来生成键码，也可以采用一些特殊的算法来生成键码。但不管采用何种方法，产生的键码必须与键盘上的按键一一对应。

下面以一个 4×4 阵列的键盘为例来说明键盘接口的处理方法及其流程。键盘的作用是进行十六进制字符的输入。如图 4-2 所示，该键盘排列成 4×4 阵列，需要两组信号线，一组作为输出信号线（称为行信号线），另一组作为输入信号线（称为列信号线），列信号线一般通过电阻器与电源正极相连。键盘上每个按键的名称由设计者确定。

在图 4-2 所示的键盘接口电路中，键盘的行信号线和列信号线均由微处理器通过 GPIO 引脚加以控制，微处理器通过输出引脚向行信号线上输出全 0 信号，然后通过输入引脚读取列信号值，若键盘阵列中无任何按键被按下，则读到的列信号必然是全 1 信号，否则是非全 1 信号。若是非全 1 信号，微处理器再在行信号线上输出"步进的 0"，即逐行输出 0 信号，来判断被按下的按键具体在哪一行上，然后产生对应的键码。这种键盘处理的方法称为"行扫描法"，具体的流程如图 4-3 所示。

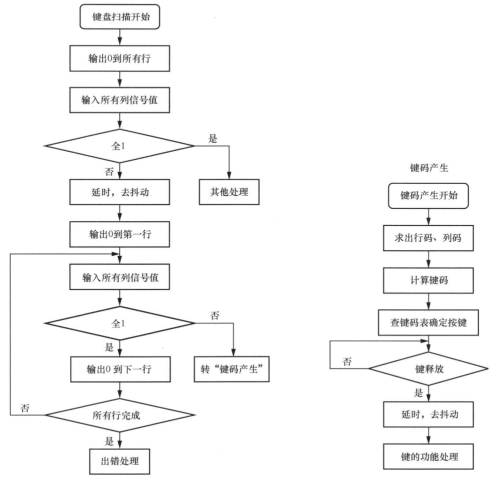

图 4-3　"行扫描法"键盘处理流程

键码的产生方法有多种，但不论哪种方法都必须保证键码与按键一一对应。下面给出一种键码的产生算法，它比较适用于 16 键 ~64 键的键盘接口，并且键码采用 8 位二进制数表示。键码产生的算法步骤如下：

（1）根据键盘扫描所得到的行信号计算出被按下的按键所在行的行数，以数据最低位对应的键盘行为第一行，以此类推；

（2）求行数的补（模为 256），并求出其对应的二进制码；

（3）将行数的补对应的二进制码左移 4 位，然后与列码相加，所得到的码即键码。

例如，在图 4-2 所示的键盘接口电路中，按键"9"的键码计算如下：

（1）按键"9"所在的行是第三行（对应的数据位是 O2），因此其行数是 3；

（2）3 的补（模为 256）是 253，其对应的二进制码是 111111016，写成十六进制为 0xfd；

（3）0xfd 左移 4 位后得到 0xD0，按键"9"的列码是 00001101b，即 0x0d，0xd0 和 0x0d 相加后得到 0xdd，此即按键"9"的键码。

利用相同的方法可以求出键盘中其他按键的键码，键盘接口程序按照键码产生的算法求出键码后，即可知哪个按键被按下，并根据键码转向按键对应的功能处理程序。

4.1.2 键盘接口设计示例

示例 4-1：假设在以龙芯 1B 芯片为核心的嵌入式系统中，需要一个 4×4 阵列的键盘。要求用龙芯 1B 芯片的 GPIO 引脚来设计键盘行信号和列信号的接口电路，并完成键盘扫描及生成键码的程序设计。

具体设计这个键盘的接口时，在硬件上可以选择若干个 GPIO 引脚，如 GPIO02~GPIO05 连接键盘列信号（对应图 4-2 中的列信号 I0~I3），GPIO06~GPIO09 连接键盘行信号（对应图 4-2 中的行信号 O0~O3）。键码采用 8 位，由行信号值和列信号值合并而成，且行信号值在高 4 位、列信号值在低 4 位。具体的键盘扫描及生成键码程序可设计如下。

```
//************************************************************
//** 函数: ScanKey(), 无参数
//** 返回值: 键码（高 4 位是行信号值，低 4 位是列信号值，键码由两者合并而成）
//** 功能: 调用一次此函数，可以实现对键盘进行一次全扫描
//************************************************************
//**KEYOUTPUT 是键盘扫描时的行输出地址，KEYINPUT 是键盘列读入时的地址
//** 此处的键盘行输出地址对应龙芯 1B 芯片 GPIO 端口 0 的输出寄存器地址
//** 此处的键盘列读入地址对应龙芯 1B 芯片 GPIO 端口 0 的输入寄存器地址
#define   KEYOUTPUT    (*(volatile unsigned int *)0xbfd010f0)
#define   KEYINPUT          (*(volatile unsigned int *)0xbfd010e0)
// 定义端口 0 的配置寄存器
#define GPIOCFG0 (*(volatile unsigned int *)0xbfd010c0)
```

```
// 定义端口 0 的输入使能寄存器
#define GPIOOE0 (*(volatile unsigned int *)0xbfd010d0)
unsigned short ScanKey()
{
    unsigned short key=0xf0;
    unsigned short i;
    unsigned short temp = 0xffff, output;
    //** 初始化 GPIO 引脚的功能
    GPIOCFG0 = GPIOCFG0 & 0xfffffC03;   // 设置 GPIO02~GPIO09 引脚为普通 I/O 功能
    GPIOOE0 = GPIOOE0 | 0x000000003c); // 设置 GPIO02~GPIO05 引脚为输入
    GPIOOE0 = GPIOOE0 & 0xfffffc3f;     // 设置 GPIO06~GPIO09 引脚为输出
    //** 循环往键盘（4×4）输出线发送低电平，因为输出线为 4 根，所以循环 4 次 **//
    for (i=0x40;(( i<=0x200) && (i>0)); i<<=1) {
            //** 将第 i 根输出引脚置低电平，其余输出引脚为高电平，即对键盘按行进行扫描 **//
            output |= 0xffffffff;
            output & = (~i);
            KEYOUTPUT = output;
            //** 读入此时的键盘输入值 **//
            temp = KEYINPUT;
            //** 判断 4 根输入线上是否有低电平出现，若有则说明有按键被按下，否则无 **//
            if ((temp & 0x0000003c) != 0x0000003c) {
               //** 如果有按键被按下，则将 temp 和 output 右移 2 位，再合并为 8 位键码 **//
                temp >>= 2;
                key |= temp;
                output >>= 2;
                key &= output;
                return (key);
            }
    }
    //** 如果没有按键被按下，则返回 0xff**//
    return 0xff;
}
```

上面的 ScanKey() 函数仅完成了键盘扫描及键码的生成，但没有考虑键盘的去抖动问题。下面在 ScanKey() 函数的基础上，再封装一层函数，进行延时、去抖动处理，从而可以获得稳定的键码。具体代码如下。

```
//****************************************************************
//** 函数: getkey()，无参数
//** 返回值: 读取到的稳定键码
//** 功能: 调用 ScanKey() 函数识别按键，然后去抖动，得到稳定键码
//****************************************************************
unsigned short getkey(void)
{
        unsigned short key, tempkey ;
        unsigned short oldkey=0xff;
        unsigned short keystatus=0;
        //** 等到有合法的、稳定的键码输入时才返回，否则无穷等待 **//
        while(1) {
                //**key 设置为 0xff，初始状态为无键码输入 **//
                key = 0xff;
                //** 等待键盘输入，若有输入则退出此循环进行处理，否则等待 **//
                while(1) {
                        //**扫描一次键盘，将读到的键码送入 key**//
                        key = ScanKey() ;
                        //** 判断是否有按键输入，如果有则退到外循环进行去抖动处理 **//
                        tempkey = key;
                        if ((tempkey&0xff) != 0xff)  break;
                        //** 若没有按键被按下，则延迟后继续扫描键盘，同时设 oldkey 为 0xff**//
                        mydelay(20,50); // 延时函数（读者可以自行编写延时函数）
                        oldkey=0xff;
                }
                //** 在判断有按键被按下后，延迟一段时间，再扫描一次键盘，进行去抖动处理 **//
                mydelay(50,5000); // 延迟约十几毫秒（读者可以自行编写延时函数）
                if (key != ScanKey()) continue;
                //** 如果连续两次读的键码一样，并不等于 oldkey，则可判断有新的键码输入 **//
                if (oldkey != key)    keystatus=0;
                //** 设定 oldkey 为新的键码，并退出循环，返回键码 **//
                oldkey = key;
                break;
        }
        return key;
}
```

获得稳定的键码后，即可根据键码来判断哪个按键被按下，然后程序转移到对应按键的处理程序处执行。下面的程序段给出了按键处理程序的框架，具体按键功能程序需要根据具体应用来编写。

```
//****************************************************************
//** 函数: main(), 无参数, 无返回值
//** 功能: 主程序, 完成读键码, 并根据键码调用具体的按键功能程序
//****************************************************************
void main(void)
{
    unsigned short key=0;
    while(1) {
            mydelay(10,1000);   // 延时
            //** 读取键码 **//
            key = getkey();
            // 下面根据键码完成具体的按键功能程序
            // 假设 GPIO02~ GPIO05 分别对应第 1 列 ~ 第 4 列
            // 假设 GPIO06~ GPIO09 分别对应第 1 行 ~ 第 4 行
            switch(key){
                    case 0xee: //0xee 是一个键码, 对应第 1 行第 1 列的按键
                            …… // 根据该键码完成对应按键的具体功能
                    case 0xde: //0xde 是一个键码, 对应第 2 行第 1 列的按键
                            …… // 根据该键码完成对应按键的具体功能
                    ……
                    break;
                    }
            }
}
```

4.2　LED 显示器接口设计

　　LED 显示器是嵌入式系统中常用的输出设备，特别是 7 段（或 8 段）LED 显示器，其作为一种简单、经济的显示形式，在显示信息量不大的应用场合得到广泛应用。随着 LED 显示技术的发展，彩色点阵式 LED 显示技术越来越成熟，已经得到许多应用，特别是在户外广告屏等领域。可以预见彩色点阵式 LED 显示器将会成为嵌入式系统的主流显示器。

4.2.1　LED 显示器控制原理

　　在嵌入式系统中，LED 显示器主要有 3 种：单个 LED 显示器、7 段（或 8 段）LED 显示器、点阵式 LED 显示器。

1. 单个 LED 显示器

单个 LED 显示器实际上就是一个发光二极管，它的亮与灭代表一个二进制数，因此凡是能用一位二进制数代表的物理含义，如信号的有、无，电流的通、断，信号幅值是否超过其阈值等，均可以用单个 LED 显示器的亮与灭来表示。微处理器通过 GPIO 接口引脚中的某一个引脚来控制 LED 显示器的亮与灭，如图 4-4 所示。图 4-4 中引脚 D0 通过反相驱动器（也可以采用同相驱动器）控制单个 LED 显示器，D0 为 1（高电平）时，单个 LED 显示器亮，代表一种状态；D0 为 0（低电平）时，单个 LED 显示器灭，代表另一种状态。

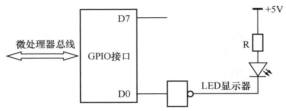

图 4-4　单个 LED 显示器控制原理示意

2. 7 段（或 8 段）LED 显示器

7 段（或 8 段）LED 显示器由 7 个（或 8 个）发光二极管按一定的位置排列成"日"字形（对 8 段 LED 显示器来说还有一个小数点段），为了适应不同的驱动电路，可采用共阴极和共阳极两种结构，如图 4-5 所示。

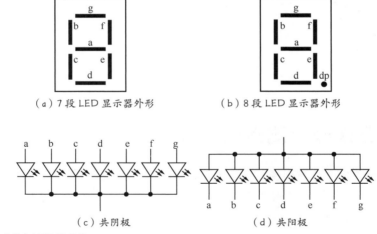

（a）7 段 LED 显示器外形　　　　（b）8 段 LED 显示器外形

（c）共阴极　　　　　　　　　（d）共阳极

图 4-5　7 段（或 8 段）LED 显示器

用 7 段（或 8 段）LED 显示器可以显示 0~9 的数字和多种字符（并可带小数点），为了使 7 段（或 8 段）LED 显示器显示数字或字符，就必须点亮相应的段。例如，要显示数字 0，则要使 b、c、d、e、f、g 等 6 段亮。显示器的每个段分别由 GPIO 引脚进行控制，通常引脚的 D0~D7（即数据位的低位到高位）顺序控制 a~dp 段，所需的控制信号称为段码。由于数字与段码之间没有规律性，因此必须进行数字与段码的转换才能驱动要显示的段，以便显示数字。常用的转换方法是将要显示字形的段码列成一个表，称为段码表。显示时，根据字符查询段码表，取出其对应的段码送到 GPIO 引脚上来控制显示。

值得注意的是，若采用的显示器的驱动结构不同，那么即使显示相同的字符，其段码也是不一样的。例如，若采用共阴极 7 段 LED 显示器，段信号采用同相驱动，则 0 的段码是 0x7e；若采用共阴极 7 段 LED 显示器，段信号采用反相驱动，则 0 的段码是 0x81。

在实际应用中，一般需要多位数据同时显示，这样就需要用多个 7 段（或 8 段）LED 来组成一个完整的显示器。图 4-6 是一个由 6 位 8 段 LED 组成的显示器接口电路，电路中采用同向驱动、扫描显示方式。

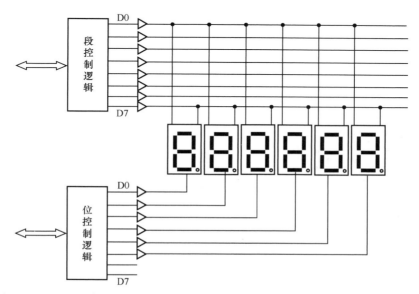

图 4-6　一个由 6 位 8 段 LED 组成的显示器接口电路

所谓扫描显示方式，是指根据人眼的视觉暂留现象，在多位 7 段（或 8 段）LED 组成的显示器中，所有位的段信号均连接在一起，由段控制逻辑控制，而该位能不能显示则由位控制逻辑中对应的位信号控制。位控制逻辑实际上是一种扫描电路，它依次使 N 位 7 段（或 8 段）LED 显示器中的一位显示，其余位处于不显示状态。只要扫描的速度适当，人眼看到的就是 N 位 LED 显示器同时显示的状况。

例如，若要在图 4-6 所示的显示器中显示 "21.08.18" 字样，典型的做法如下。

● 在数据存储区中选择 6 个存储单元作为显示缓冲区，存储单元地址从低到高依次对应显示器中从左至右的 8 段 LED，所需显示字符的段码存入对应的存储单元中。即显示缓冲区中地址从低到高分别为 0x6d、0x30、0x7e、0x7f、0x30、0x7f。

● 显示时，从低地址到高地址依次把显示缓冲区的内容通过段控制逻辑输出，同时位控制逻辑输出的位信号依次是 0x3e、0x3d、0x3b、0x37、0x2f、0x1f。

● 循环进行上述动作，只要循环间隔适当，人眼在显示器上看到的就是稳定的显示结果，而不会有跳动的感觉。

● 若要改变显示器上显示的内容，只需改变存储在显示缓冲区中的段码即可。

目前，有许多 8 段 LED 显示器专用的控制芯片（如 ZLG7289AS 芯片），这些芯片可以完成数字到段码的转换，并能控制扫描，因此不需要微处理器执行扫描程序控制显示，从而可提高微处理器效率。

3. 点阵式 LED 显示器

点阵式 LED 显示器的显示单元一般由 8 行 8 列的 LED 组成，如图 4-7 所示，可以由这 8 行 8 列的 LED 组成更大的 LED 阵列。点阵式 LED 显示器能显示各种字符、汉字及图形、图像，并具有色彩。

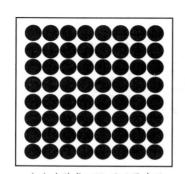
（a）点阵式 LED 显示器外形

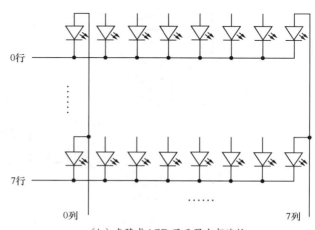
（b）点阵式 LED 显示器内部连接

图 4-7　点阵式 LED 显示器外形及内部连接

点阵式 LED 显示器中，每个 LED 表示一个像素，通过每个 LED 的亮与灭来构造出所需的图形，各种字符及汉字也是通过图形方式来显示的。对于单色点阵式 LED 显示器，每个像素需要用一位二进制数表示，1 表示亮，0 表示灭。对于彩色点阵式 LED 显示器，则每个像素需要用更多位二进制数表示，通常用一个字节表示。

点阵式 LED 显示器的显示控制也采用扫描方式。在数据存储器中开辟若干存储单元作为显示缓冲区，缓冲区中存有所需显示图形的控制信息。显示时依次通过列信号驱动器输出一行所有列的信号，然后驱动对应的行信号，控制该行显示。只要扫描速度适当，显示的图形就不会闪烁。

4.2.2　LED 显示器接口设计示例

示例 4-2：假设需要设计一个由 6 个 8 段 LED 组成的显示器，采用 ZLG7289AS 芯片控制，并用龙芯 1B 芯片的 GPIO 端口来与其连接。ZLG7289AS 芯片是一个具有串行输入、8 位段信号并行输出，可同时驱动 8 个共阴极 LED 的专用显示器控制芯片。该芯片支持译码显示模式和非译码显示模式。译码显示模式指的是微处理器输出给 ZLG7289AS 芯片显示字符的对应值，由 ZLG7289AS

芯片译码产生需要显示的段信号；而非译码显示模式指的是微处理器直接输出给 ZLG7289AS 芯片显示字符对应的段信号。因此采用非译码显示模式时，设计者需要自行求出显示字符对应的段码。有关 ZLG7289AS 芯片的详细命令请参考其技术手册。

下面的程序代码基于 ZLG7289AS 芯片来控制 LED 显示器。显示器是共阴极 LED，其段的排列顺序如图 4-5（b）所示，采用了非译码显示模式控制。

```c
//** 定义龙芯 1B 芯片的 GPIO 引脚功能设置寄存器
#define GPIOCFG0 (*(volatile unsigned int *)0xbfd010c0)    //GPIO 配置寄存器 0
#define GPIOOE0 (*(volatile unsigned int *)0xbfd010d0)
#define GPIOIN0 (*(volatile unsigned int *)0xbfd010e0) //GPIO 端口 0 的输入寄存器
#define GPIOOUT0 (*(volatile unsigned int *)0xbfd010f0) //GPIO 端口 0 的输出寄存器
//** 定义一些宏
//** 包括 cs_enable、cs_disable、setdata_1、setdata_0、setclock_1、setclock_0
//** 假设选用龙芯 1B 芯片的 GPIO00~GPIO02 来控制 ZLG7289AS 芯片，均作为输出
//** 它们对应 ZLG7289AS 芯片的片选信号、数据、时钟信号等，具体参见其技术手册
//GPIO00 置 1，即片选信号置 1
#define cs_enable  { GPIOOUT0 = GPIOOUT0 | 0x00000001;}
//GPIO00 置 0，即片选信号置 0
#define cs_disable  { GPIOOUT0 = GPIOOUT0 & 0xfffffffe;}
//GPIO01 置 1，即数据置 1
#define setdata_1  { GPIOOUT0 = GPIOOUT0 | 0x00000002;}
//GPIO01 置 0，即数据置 0
#define setdata_0  { GPIOOUT0 = GPIOOUT0 & 0xfffffffd;}
//GPIO02 置 1，即时钟信号置 1
#define setclock_1  { GPIOOUT0 = GPIOOUT0 | 0x00000004;}
//GPIO02 置 0，即时钟信号置 0
#define setclock_0 { GPIOOUT0 = GPIOOUT0 & 0xfffffffb;}
//** 下面的数组用来映射 LED 模块非译码时，显示数字 0 ~ 9 和其段码的对应关系
char mapda[10]={0x7e,0x30,0x6d,0x79,0x33,0x5b,0x5f,0x70,0x7f,0x7b};
//***************************************************************
//** 函数为 main()，功能是用 ZLG7289AS 芯片控制的 LED 显示，无参数，无返回值
//***************************************************************
void main(void)
{
    int i,lednum=6;
    unsigned int boardtype;
    ledinit();         //** 调用函数，初始化 GPIO 端口和 ZLG7289AS 芯片
    //** 发送命令字，清除所有显示内容
    sendledcmd(0xa4);
```

```
        mydelay(10,1000);       // 延时函数
        i=0;
        //** 发送测试命令字，使所有段和点闪烁
        sendledcmd(0xbf);
        mydelay(10,1000);
        sendledcmd(0xa4);
        for(;;)  {
                // 在相应位置的 LED 上显示 0 ~ 9
                sendleddata(i%lednum , mapda[i%10]);
                mydelay(1000,1000);
                i++;
                if(i==40)  i=0;
                sendledcmd(0xa4);
        }
}
```

主函数 main() 中，调用了函数 ledinit() 来初始化 8 段 LED 接口。即需要把 GPIO00~GPIO02 引脚初始化为 GPIO 输出功能，并对 ZLG7289AS 芯片的控制引脚信号进行初始化。ledinit() 函数代码如下。

```
//*******************************************************************
//** 函数: ledinit()，无参数，无返回值
//** 功能: 初始化 GPIO 端口以及 ZLG7289AS 芯片
//*******************************************************************
  void ledinit(void){
      //** 将 GPIO00~GPIO02 设置为普通 GPIO 的输出方式
      GPIOCFG0 &= ~7;                    // 设置 GPIO00~GPIO02 引脚为普通 I/O 功能
      GPIOOE0 &= ~7;                     // 设置 GPIO00~GPIO02 引脚为输出
      //** 使片选信号不使能（即失效），且设定数据和时钟线均为高电平，初始化 LED
      cs_disable;
      setdata_1;
      setclock_1;
      mydelay(10,1000);                  // 调用延时函数
  }
```

ZLG7289AS 芯片可以独立控制 LED 显示，但需要微处理器给其传输相关的命令，其命令格式有单字节和双字节。下面两个函数分别用于传输单字节命令和传送双字节命令。

```
//******************************************************************
//** 函数：sendledcmd()，功能是传输单字节命令到 ZLG7289AS 芯片，无返回值
//** 参数：ZLG7289AS 命令字，参考 ZLG7289AS 资料
//******************************************************************
void sendledcmd(char context) {
    int count;
    //** 将时钟和数据线均设为低电平
    setclock_0;
    mydelay(20,10);                 // 延时
    setdata_0;
    mydelay(20,10);                 // 延时
    //** 使能片选信号
    cs_enable;
    mydelay(35,10);                 // 延时
    //** 传输 8 比特，由高位到低位
    for (count=0x80;count>0;count>>=1) {
        //** 如果此位为 1，则数据线传输 1，否则传输 0
        if(context &count) {
            setdata_1;
        }
        else {
            setdata_0;
        }
        mydelay(3,10);              // 延时
        //** 时钟信号翻转为高电平，等待 ZLG7289AS 芯片取数据
        setclock_1;
        mydelay(3,10);              // 延时
        //** 时钟信号翻转为低电平，ZLG7289AS 芯片取数据结束
        setclock_0;
        mydelay(3,10);              // 延时
    }
    //** 一个字节传输完毕后，使片选信号不使能（即失效）
    cs_disable;
    mydelay(3,10);                  // 延时
}


//******************************************************************
//** 函数：sendleddata()，功能是传输双字节命令到 ZLG7289AS 芯片，无返回值
//** 参数：LED 显示位置序号，ZLG7289AS 命令字，参考 ZLG7289AS 资料
```

```
//*******************************************************************
  void sendleddata(char i,char context)
  {
     char a[2];
     int count,k;
     //** 将时钟和数据线均设为低电平
     setclock_0;
     mydelay(3,100);                        // 延时
     setdata_0;
     a[0]=0x90+i;
     a[1]=context;
     mydelay(3,10);                         // 延时
     cs_enable;
     mydelay(3,10);                         // 延时
     for (k=0;k<2;k++){
          for (count=0x80;count>0;count>>=1) {
                  // 发送一个字节
                  if(a[k] &count) {
                          setdata_1;
                    }
                    else {
                          setdata_0;
                    }
                    mydelay(3,10);     // 延时
                    setclock_1;        // 设置时钟信号为高电平
                    mydelay(3,10);     // 延时
                    setclock_0;        // 设置时钟信号为低电平
                    mydelay(4,10);     // 延时
          }
          mydelay(3,10);                     // 延时
      }
     cs_disable ;                            // 使片选信号不使能
     mydelay(3,10);                          // 延时
  }
```

4.3 LCD 接口设计

    LCD 是嵌入式系统中常用的输出设备。目前，LCD 显示器按显示颜色可分为单色 LCD、伪彩

LCD、真彩 LCD 等；按显示模式可分为数码式 LCD、字符式 LCD、图形式 LCD 等；按显示工作原理可分为 STN-LCD（Super Twisted Nematic-Liquid Crystal Display，超扭曲向列型液晶显示器）、TFT-LCD（Thin Film Transistor-Liquid Crystal Display，薄膜晶体管液晶显示器）等。本节先介绍 LCD 显示器的基本原理，然后具体介绍龙芯 1B 芯片中的 LCD 控制器。

4.3.1 LCD 显示器的基本原理

LCD 显示器中的液晶体在外加交流电场的作用下排列状态会发生变化，呈不规则扭转形状，形成一个个光线的闸门，从而控制 LCD 背后的光线是否穿透，在显示面板上呈现出明与暗（即透过与不透过）的显示效果，我们才能在 LCD 上看到深浅不一、错落有致的图形。LCD 显示器中的每个显示像素都可以单独被电场控制，不同的显示像素按照控制信号的"指挥"可以在显示器上组成不同的字符、数字及图形。因此，建立显示所需的电场与显示像素的组合就成为液晶显示驱动器和液晶显示控制器所需实现的功能。

LCD 显示器的种类很多，不同种类的 LCD 显示器显示的控制方式有所不同。本小节仅介绍 STN-LCD 和 TFT-LCD 两类显示器的显示原理。

STN-LCD 和 TFT-LCD 都使用一种被称为"向列型"的丝状液晶物质，利用电场来控制丝状液晶的方向。通常液态晶体被包裹在两片玻璃中间，在玻璃的表面上先镀一层透明而且导电的薄膜以作电极之用，然后在有薄膜的玻璃上镀一层称为配向剂的物质，以使液晶随着一个特定且平行于玻璃表面的方向扭转。

STN-LCD 显示器中的液晶，其自然状态具有 90°的扭转，利用电场可使液晶再进行旋转，液晶的折射系数随液晶方向的改变而改变，光经过 STN 型液晶后，偏极性发生变化，只要选择适当，使光的偏极性旋转到 180°～270°，就可利用两个平行偏光片使光完全不能通过。若使液晶方向与电场方向平行，光的偏极性就不会改变，光就可以通过第二个偏光片，从而可以控制光的明与暗。而 STN 型液晶之所以可以显示色彩，是因为它在 STN-LCD 上加了一个彩色滤光片，并将单色显示矩阵中的每一个像素分成 3 个子像素，分别通过彩色滤光片显示红、绿、蓝三原色，从而显示出色彩。STN-LCD 属于反射式 LCD 器件，优点是功耗小，但在比较暗的环境中清晰度很差，所以不得不配备外部照明光源。

TFT 液晶显示技术采用了"主动式矩阵"的方式来驱动。方法是利用薄膜技术所做成的电晶体电极，利用扫描的方法"主动"控制任意一个显示点的开与关。光源照射时先通过下偏光板向上透出，借助液晶分子传导光线。电极通过时，液晶分子就像 STN 型液晶的排列状态一样发生改变，也通过折光和透光来达到显示的目的。看起来这和 STN 型液晶的原理差不多。但不同的是，由于 TFT 具有电容效应，能够保持电位状态，已经透光的液晶分子会一直保持这种状态，直到 TFT 电极下一次再上电改变其排列方式；而 STN 型液晶没有这个特性，液晶分子一旦没有加上电，就立刻返回原来的状态。这是 TFT 型液晶和 STN 型液晶显示原理的最大不同。TFT 型液晶为每个像素都设置了一个半导体开关，其加工工艺类似于大规模集成电路。由于每个像素都可以通过点脉冲直接控制，因此每个节点都相对独立，并可以进行连续控制，这样的设计不仅可提高显示器的反应速度，而且可以精确控制显示灰度。因此，TFT 型液晶的色彩更逼真、更平滑、更细腻，层次感更强。TFT 型液晶选择一定的显示模式，在电场作用下，液晶分子产生取向变化，并通过与偏振片的配合，使入射光在通过液晶层后的强度随之发生变化，从而实现图像显示。

4.3.2 龙芯 1B 芯片中的 LCD 控制器

龙芯 1B 芯片内部集成了一个 LCD 控制器，它支持 12 位 /15 位 /16 位 /24 位像素的 LCD 显示器，屏幕分辨率可达 1920×1080ppi，最高像素时钟频率是 172MHz。在 16 位像素模式下，其像素的数据格式是 R5G6B5（红色 5 位、绿色 6 位、蓝色 5 位）。在 24 位像素模式下，其像素的数据格式是 R8G8B8（红色 8 位、绿色 8 位、蓝色 8 位）。但是，龙芯 1B 芯片的 LCD 引脚中，颜色信号引脚一共有 16 根，即红色 5 根、绿色 6 根、蓝色 5 根，如表 4-1 所示。若要支持 24 位像素模式，则芯片内部的 LCD 显示控制器会进行数据格式转换。

表 4-1　龙芯 1B 芯片的 LCD 引脚

序号	LCD 引脚名称	说明
1	LCD_CLK	LCD 时钟信号
2	LCD_VSYNC	LCD 列同步信号
3	LCD_HSYNC	LCD 行同步信号
4	LCD_EN	LCD 可视使能信号
5	LCD_DAT_B0	LCD 蓝色数据信号 0
6	LCD_DAT_B1	LCD 蓝色数据信号 1
7	LCD_DAT_B2	LCD 蓝色数据信号 2
8	LCD_DAT_B3	LCD 蓝色数据信号 3
9	LCD_DAT_B4	LCD 蓝色数据信号 4
10	LCD_DAT_G0	LCD 绿色数据信号 0
11	LCD_DAT_G1	LCD 绿色数据信号 1
12	LCD_DAT_G2	LCD 绿色数据信号 2
13	LCD_DAT_G3	LCD 绿色数据信号 3
14	LCD_DAT_G4	LCD 绿色数据信号 4
15	LCD_DAT_G5	LCD 绿色数据信号 5
16	LCD_DAT_R0	LCD 红色数据信号 0
17	LCD_DAT_R1	LCD 红色数据信号 1
18	LCD_DAT_R2	LCD 红色数据信号 2
19	LCD_DAT_R3	LCD 红色数据信号 3
20	LCD_DAT_R4	LCD 红色数据信号 4

龙芯 1B 芯片中的 LCD 显示控制器默认的工作模式是 16 位像素模式，但也支持其他像素模式。在支持其他像素模式时，LCD 显示控制器能够在内部进行数据格式转换。表 4-2 是龙芯 1B 芯片内部 LCD 显示控制器的引脚与其所支持的几种像素格式的 LCD 连接信号的对应关系。

表 4-2　LCD 显示控制器的引脚与其所支持的几种像素格式的 LCD 连接信号的对应关系

LCD 引脚名称	R4G4B4 模式信号	R5G5B5 模式信号	R5G6B5 模式信号	R8G8B8 模式信号
LCD_DAT_B0	未用，可作 GPIO	LCD_BLUE0	LCD_BLUE0	LCD_BLUE3
LCD_DAT_B1	LCD_BLUE0	LCD_BLUE1	LCD_BLUE1	LCD_BLUE4
LCD_DAT_B2	LCD_BLUE1	LCD_BLUE2	LCD_BLUE2	LCD_BLUE5
LCD_DAT_B3	LCD_BLUE2	LCD_BLUE3	LCD_BLUE3	LCD_BLUE6
LCD_DAT_B4	LCD_BLUE3	LCD_BLUE4	LCD_BLUE4	LCD_BLUE7
LCD_DAT_G0	未用，可作 GPIO	未用，可作 GPIO	LCD_GREEN0	LCD_GREEN2
LCD_DAT_G1	未用，可作 GPIO	LCD_GREEN0	LCD_GREEN1	LCD_GREEN3
LCD_DAT_G2	LCD_GREEN0	LCD_GREEN1	LCD_GREEN2	LCD_GREEN4
LCD_DAT_G3	LCD_GREEN1	LCD_GREEN2	LCD_GREEN3	LCD_GREEN5
LCD_DAT_G4	LCD_GREEN2	LCD_GREEN3	LCD_GREEN4	LCD_GREEN6
LCD_DAT_G5	LCD_GREEN3	LCD_GREEN4	LCD_GREEN5	LCD_GREEN7
LCD_DAT_R0	未用，可作 GPIO	LCD_RED0	LCD_RED0	LCD_RED3
LCD_DAT_R1	LCD_RED0	LCD_RED1	LCD_RED1	LCD_RED4
LCD_DAT_R2	LCD_RED1	LCD_RED2	LCD_RED2	LCD_RED5
LCD_DAT_R3	LCD_RED2	LCD_RED3	LCD_RED3	LCD_RED6
LCD_DAT_R4	LCD_RED3	LCD_RED4	LCD_RED4	LCD_RED7
UART0_RX				LCD_BLUE0
UART0_TX				LCD_RED0
UART0_RTS				LCD_BLUE1
UART0_CTS				LCD_BLUE2
UART0_DSR				LCD_GREEN0
UART0_DTR				LCD_GREEN1
UART0_DCD				LCD_RED1
UART0_RI				LCD_RED2

龙芯 1B 芯片内部的 LCD 显示控制器，其内部具有许多寄存器，用户可以通过编程设置这些寄存器来控制 LCD 控制器的显示。其中一个主要的寄存器是帧缓存区配置（Frame Buffer Configuration）寄存器，其格式如表 4-3 所示。

表 4-3　帧缓存区配置寄存器格式

位域	位域名称	初始值	说明
31:21	RESERVED	0	保留
20	RESET	0	当该位写入 0 时，复位 LCD 控制器
19:13	RESERVED	0	保留
12	GAMMA ENABLE	0	图像使能位。1 表示使能，0 表示不使能
11:10	RESERVED	0	保留
9	SWITCH PANEL	0	显示配置位。置 1 时显示单元的输出使用另一个显示单元的输出
8	OUTPUT ENABLE	0	输出使能位。1 表示使能，0 表示不使能
7:3	RESERVED	0	保留
2:0	FORMAT	0	像素模式设置。 000 表示无，001 表示 R4G4B4 模式，010 表示 R5G5B5 模式，011 表示 R5G6B5 模式，100 表示 R8G8B8 模式

4.4　OLED 显示器接口设计

用有机发光二极管（Organic Light Emitting Diode，OLED）材料做成的显示器，具有自发光（即不需要背光源）、视角广、对比度高、功耗低等特点，已经广泛地应用于高端嵌入式系统中，例如智能手机、数码相机、PDA 等产品中。

4.4.1　OLED 工作原理

OLED 是通过把有机发光材料组成的发光层嵌入两个电极之间，然后通过在两个电极端加上电源，使电流通过有机发光材料而使其发光的。通常在构建 OLED 时，还会在电极和发光层之间各加上一层传输层，以提高发光效率。图 4-8 是一个典型的 OLED 结构。

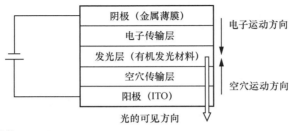

图 4-8 一个典型的 OLED 结构

图 4-8 所示的 OLED 结构中，阴极是一种金属薄膜，阳极是一种导电玻璃（其材料是氧化铟锡物，简称 ITO）；在阴极和发光层之间有一层电子传输层，而在阳极和发光层之间有一层空穴传输层。

1. OLED 显示原理

如图 4-8 所示，当直流电源（电压值为 2~10V）接通时，在阴极上将产生电子，而在阳极上将产生空穴。在电场的作用下，电子通过电子传输层到达发光层，同时空穴通过空穴传输层到达发光层。由于电子带负电，空穴带正电，因此它们在发光层相互吸引，从而激发有机发光材料发光。由于阳极是透明的，因此可以从阳极这端看见光。

OLED 的发光亮度与发光层通过的电流大小有关，电流越大，亮度越大；电流越小，亮度越小。因此通过控制电流的大小，就可以控制 OLED 的发光亮度。而光的颜色与发光层的发光材料有关，通过材料的不同配比，可以产生红（R）、绿（G）、蓝（B）3 种基本颜色。利用 R、G、B 像素独立发光或混合发光，可以构造彩色 OLED 显示器。还有一种生产彩色 OLED 显示器的生产工艺，即可以采用白光 OLED 和彩色滤光片相结合的方式，通过在发白光的 OLED 上覆盖红、绿、蓝三原色的滤光片，从而实现红、绿、蓝及其他颜色的显示。

要实现 $n×m$ 分辨率的彩色 OLED 显示器，就需要有 n 列 m 行的 OLED 像素阵列，即一行上有 n 个像素、一列上有 m 个像素，每个像素中又包括红、绿、蓝三原色，其组成示意图如图 4-9 所示。

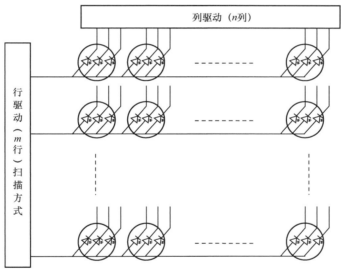

图 4-9　$n×m$ 分辨率的彩色 OLED 像素阵列

当需要在 OLED 显示器上显示文字、图像等信息时，就需要驱动相关的 OLED 被点亮。与普通点阵式 LED 显示驱动类似，OLED 显示器也需要列驱动和行驱动电路，并且行驱动是扫描方式，即一次只点亮一行上相关的 OLED。

2. OLED 驱动控制

OLED 的驱动方式分为被动驱动（Passive Matrix）和主动驱动（Active Matrix）两种方式，被动驱动方式可称为无源驱动方式，主动驱动方式可称为有源驱动方式。这两种 OLED 驱动方式的内部结构如图 4-10 所示。

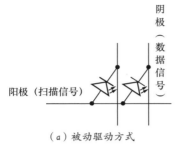

（a）被动驱动方式　　　　　　　　　　（b）主动驱动方式

图 4-10　两种 OLED 驱动方式的内部结构

被动驱动方式如图 4-10（a）所示，是在阳极和阴极之间设置一个 OLED 作为一个像素。若要让这个像素被点亮，阴极接低电平、阳极接高电平即可。在一个 $n×m$ 分辨率的 OLED 显示器中，有 $n×m$ 个这样排列的 OLED。要在这种驱动方式下显示一幅 $n×m$ 分辨率的图像，通常在 m 个阳极上加扫描信号，即在 m 个阳极上逐次加正脉冲信号，在 n 个阴极上加图像数据信号（需要点亮的像素数据为 0，不需要点亮的像素数据为 1），只要阳极上的扫描信号足够快，人眼就能看到一幅完整的图像。

被动驱动方式由于是无源的，因此结构简单、制造成本低，但其驱动电流大、反应速度相对较慢。被动驱动方式只适用于单色或多色，且尺寸相对较小的 OLED 显示器。

主动驱动方式如图 4-10（b）所示，是一种有源的驱动方式，它采用了至少两个 TFT 来控制一个 OLED 像素的驱动，并在 OLED 像素的控制端接一个电容器。也就是 OLED 的像素是否被点亮，是采用具有开 / 关功能的 TFT 来控制的，每个像素可以独立、连续地发光。即图像数据信号（需要点亮的像素数据为 1，不需要点亮的像素数据为 0）在扫描信号的高电平期间，可以驱动 TFT2 的开或关，从而使得 OLED 像素被点亮或者关灭；在扫描信号的低电平期间，还可以由电容器来保持 TFT2 所需要的控制电压，因此也能保持像素的状态。此处的扫描信号是一个固定周期的脉冲信号。

主动驱动方式由于在 OLED 像素的控制端接有电容器，在两次扫描信号之间可以保持充电状态，因此可以更快速、更精确地控制 OLED 像素发光。并且其驱动电压低、组件寿命长，适合做大尺寸的 OLED 显示器。但其制作工艺相对复杂，因而成本较高。

目前在市场上，OLED 显示器有单色、多色、全彩色等几种。单色和多色 OLED 显示器多采用被动驱动方式，全彩色 OLED 显示器多采用主动驱动方式。在嵌入式系统设计中，通常都选用 OLED 显示模组，即由 OLED 显示器和驱动芯片组合在一起的模块。市场上有许多可供选择的 OLED 显示模组产品，如单色或多色的有 UG-2832HSWEG04 OLED 模组（分辨率为 128×32ppi，驱动芯片为 SSD1306）、DYS864 OLED 模组（分辨率为 128×64ppi，驱动芯片为 SH1106）等。

OLED 显示模组与微处理器的接口主要是驱动芯片与微处理器的连接，它们之间的命令及数据传输通常可采用 SPI、I^2C 等。因此，在设计嵌入式系统时，OLED 显示模组的接口电路并不复杂，复杂的是结合驱动芯片的特性来完成相关的 OLED 驱动程序编写。

4.4.2　OLED 显示器接口设计示例

示例 4-3：假设在以龙芯 1B 芯片为核心的嵌入式系统中，需要设计一个 OLED 显示器接口，请完成相关接口设计，并编写相关控制程序。

设计时，选用 UG-2832HSWEG04 OLED 模组，该模组的驱动芯片为 SSD1306，它与龙芯 1B 芯片的连接接口为 SPI，主要的信号线介绍如下。

● SCLK 信号线：SPI 的时钟信号线。

● SDIN 信号线：SPI 的串行数据线，即 MOSI 信号线。

● DC 信号线：UG-2832HSWEG04 OLED 模组的命令 / 数据指示信号线，该信号为高电平时，指示读 / 写的是数据；该信号为低电平时，指示读 / 写的是命令。

除了信号线外，UG-2832HSWEG04 OLED 模组还需要一个复位信号（RST）、逻辑电源 V_{DD}，以及升压电源 V_{BAT}（DC/DC 转换）。

在硬件电路设计时，选用龙芯 1B 芯片 GPIO 的相关引脚来与 UG-2832HSWEG04 OLED 模组的相关引脚连接，如图 4-11 所示。其中，用 GPIO26 和 GPIO24 引脚分别与 SDIN 和 SCLK 信号线相连，并且选用 GPIO03 引脚来控制 DC 信号，GPIO02 引脚来控制 RST 信号。

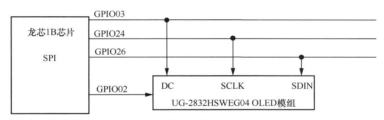

图 4-11　龙芯 1B 芯片与 UG-2832HSWEG04 OLED 模组的连接

设计好 OLED 显示器接口电路后，就需要编写相关的驱动程序。下面给出的 OLED 驱动程序示例，主要包括初始化龙芯 1B 芯片引脚功能函数、初始化 OLED 模组函数、编写 OLED 模组命令函数、编写 OLED 模组数据函数，以及一个主函数的框架。

```
// 定义端口 0 的配置寄存器
#define GPIOCFG0 (*(volatile unsigned int *)0xbfd010c0)
// 定义端口 0 的输入使能寄存器
#define GPIOOE0 (*(volatile unsigned int *)0xbfd010d0)
// 定义端口 0 的输入寄存器
#define GPIOIN0 (*(volatile unsigned int *)0xbfd010e0)
// 定义端口 0 的输出寄存器
#define GPIOOUT0 (*(volatile unsigned int *)0xbfd010f0)
// 定义端口 1 的配置寄存器
#define GPIOCFG1 (*(volatile unsigned int *)0xbfd010c4)
// 定义端口 1 的输入使能寄存器
```

```c
#define GPIOOE1 (*(volatile unsigned int *)0xbfd010d4)
// 定义端口 1 的输入寄存器
#define GPIOIN1 (*(volatile unsigned int *)0xbfd010e4)
// 定义端口 1 的输出寄存器
#define GPIOOUT1 (*(volatile unsigned int *)0xbfd010f4)
//** 定义一些宏，包括 setDC_1、setDC_0、setRST_1、setRST_0 等
//GPIO03 置 1, 即 DC 信号置 1
#define setDC_1    { GPIOOUT0 = GPIOOUT0 | 0x00000008;}
//GPIO03 置 0, 即 DC 信号置 0
#define setDC_0    { GPIOOUT0 = GPIOOUT0 & 0xFFFFFFF7;}
//GPIO02 置 1, 即 RST 信号置 1
#define setRST_1   { GPIOOUT0 = GPIOOUT0 | 0x00000004;}
//GPIO02 置 0, 即 RST 信号置 0
#define setRST_0   { GPIOOUT0 = GPIOOUT0 & 0xFFFFFFFB;}
#define setSDIN_1  { GPIOOUT0 |= (1<<26);}    // GPIO26 置 1, 即 SDIN 信号置 1
#define setSDIN_0  { GPIOOUT0 &= ~(1<<26);}   // GPIO26 置 0, 即 SDIN 信号置 0
#define setSCLK_1  { GPIOOUT0 |= (1<<24);}    // GPIO24 置 1, 即 SCLK 信号置 1
#define setSCLK_0  { GPIOOUT0 &= ~(1<<24);}   // GPIO24 置 0, 即 SCLK 信号置 0
/*********************************************************************
* 功能: 初始化龙芯 1B 芯片引脚功能函数，完成 GPIO 引脚功能设置，初始化其工作模式 *
**********************************************************************/
void loong1B_Init(void)
{
    GPIOCFG0 &= ~ (3<< 2);           // 设置 GPIO02、GPIO03 引脚为普通 I/O 功能
    GPIOOE0 &= ~ (3<< 2);            // 设置 GPIO02、GPIO03 引脚为输出
    GPIOCFG0 |= (1<< 24);            // 设置 GPIO24 引脚为 SPI_CLK
    GPIOCFG0 |= (1<< 26);            // 设置 GPIO26 引脚为 SPI_MOSI
}
/*********************************************************************
* 功能: 初始化 OLED 模组函数，模组驱动芯片为 SSD1306，初始化其工作模式    *
**********************************************************************/
void SSD1306_Init(void)
{
    //** 先对 SSD1306 芯片进行复位设置
    setRST_0;                        //RST 引脚置 0
    //** 此处需插入一段时间的延迟（约 10ms），延时函数可自行编写
    setRST_1;                        //RST 引脚置 1
    //** 下面按要求写入相关命令，以便初始化 OLED 模组，命令含义参见 SSD1306 手册
```

```
        OLED_cmd_send (0xa8);
        OLED_cmd_send (0x3f);
        OLED_cmd_send (0xd3);
        OLED_cmd_send (0x00);
        OLED_cmd_send (0x40);
        OLED_cmd_send (0xa0);
        OLED_cmd_send (0xc8);
        OLED_cmd_send (0xda);
        OLED_cmd_send (0x02);
        OLED_cmd_send (0x81);
        OLED_cmd_send (0x7f);
        OLED_cmd_send (0xa4);
        OLED_cmd_send (0xa6);
        OLED_cmd_send (0xd5);
        OLED_cmd_send (0x80);
        OLED_cmd_send (0x8d);
        OLED_cmd_send (0x14);
        OLED_cmd_send (0xaf);
        }
/*********************************************************************
* 功能: 编写 OLED 模组命令函数，模组驱动芯片为 SSD1306                 *
**********************************************************************/
void OLED_cmd_send(unsigned short OLED_CMD)
{
        unsigned short i;              // 定义变量 i
        setDC_0;                       //** 先对 SSD1306 芯片的 DC 信号置 0: 写命令
        // 下面进行循环，把一个字节的命令发送到 OLED 模组
        for ( i=0; i<8; i++ )
        {
            setSCLK_0;             // 设置 SCLK 信号为 0
            if (OLED_CMD & 0x80 ==1)    // 判断命令字节的相应位是否为 1
                setSDIN_1;         //SDIN 信号置 1
            else
                setSDIN_0;         //SDIN 信号置 0
            //** 此处若需要，可插入延时函数，延迟时间根据实际确定，一般为几微秒
            setSCLK_1;             // 设置 SCLK 信号为 1
            OLED_CMD <<= 1;        // 左移一位
        }
```

```
}
/***********************************************************************
* 功能：主函数 main () 的一个框架。假设显示图像数据已存入显示缓冲区              *
***********************************************************************/
void main(void)
{
    unsigned short OLED_ARR[128] [4];                // 显示缓冲数组
    unsigned short i, j;
    loong1B _Init();                 //** 初始化龙芯 1B 芯片的 GPIO 引脚功能
    SSD1306_Init();                  //** 初始化 OLED 模组
    //** 下面应根据需要显示的内容，来控制 OLED 模组的显示
    //** 具体实现时，可根据 OLED 显示器的分辨率来定义一个显示缓冲数组，如此处为 128×32
    //** 然后根据需要显示的内容，更新显示缓冲数据，再刷新 OLED 模组的显示
    ......
    for( i=0; i<4; i++){
            OLED_cmd_send(0xb0+i);         // 设置页地址
            OLED_cmd_send(0x00);           // 设置显示位置
            // 发送显示数据
            for (j=0; j<128; j++)OLED_data_send(OLED_ARR[j] [i]);
    }
}
```

第 **05** 章

软件平台一：汇编编程及启动引导程序

嵌入式系统中的软件平台通常指的是嵌入式系统的启动引导程序、操作系统，以及相应硬件接口驱动函数库。在嵌入式系统的开发中，特别是复杂度高的嵌入式系统开发中，采用软件平台可以提高开发效率，使得开发者不需要从底层程序开始设计，而可以在其应用程序中调用软件平台提供的现有底层函数，从而减少开发工作量。同时，随着嵌入式系统越来越复杂，采用嵌入式操作系统可以支撑多任务处理、多媒体处理、网络通信等复杂任务的编程。设计软件平台需要熟练掌握嵌入式系统的硬件结构，并掌握汇编的指令及编写规范。本章将介绍汇编程序的编写规范、嵌入式系统应用软件结构、启动引导程序等相关内容。嵌入式操作系统及驱动程序将在第 06 章中介绍。

5.1 汇编程序的编写规范

龙芯 1B 芯片的汇编指令采用的是 MIPS32 指令集。在集成开发工具 LoongIDE 中支持龙芯 1B 芯片的汇编编程，利用龙芯 1B 芯片的汇编指令进行程序设计时，程序中语句行的格式为：

> { 标号：} { 指令或指示符或伪指令 } {// 注释，或 /* 注释 */，或 # 注释 }

下面将介绍龙芯 1B 芯片的汇编指令集，以及相关的伪指令、指示符，并介绍几个汇编指令的编程示例。

5.1.1 龙芯 1B 芯片的汇编指令集

龙芯 1B 芯片的汇编指令集兼容 MIPS32 指令集，指令集中的所有指令长度均为 32 位，其指令码的格式分为 3 种类型：I-Type（立即数型）、J-Type（跳转型）、R-Type（寄存器型）。3 种指令码格式如图 5-1 所示。

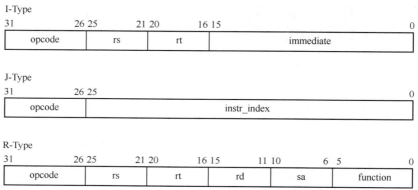

图 5-1　MIPS32 指令集中的 3 种指令码格式

图 5-1 中，opcode 表示指令操作码。I-Type 格式中的 rs 代表第一个源操作数寄存器，rt 代表目的寄存器，immediate 代表立即数。R-Type 格式中的 rs 代表第一个源操作数寄存器，rt 代表第二个源操作数寄存器，rd 代表目的寄存器，sa 值当前固定为 00000，function 代表扩展功能码。

按照指令的功能分类，MIPS32 指令集的基础指令功能又可分成访存类指令、算术运算类指令、逻辑运算类指令、分支跳转类指令、移位运算类指令、特殊寄存器操作指令等。

（1）访存类指令。访存类的基础指令用于读写存储单元，可以按照字节（8 位）、半字（16 位）、字（32 位）等位数来进行读写，相关指令如表 5-1 所示。

表 5-1　访存类指令

指令助记符及格式	指令功能描述
lb rt , offset(base)	读取字节指令，有符号扩展
lbu rt , offset(base)	读取字节指令，无符号扩展

指令助记符及格式	指令功能描述
lh rt , offset(base)	读取半字指令，有符号扩展
lhu rt , offset(base)	读取半字指令，无符号扩展
lw rt , offset(base)	读取字指令
sb rt , offset(base)	存储字节指令
sh rt , offset(base)	存储半字指令
sw rt , offset(base)	存储字指令

表 5-1 中的 rt 代表进行读写的寄存器，如 v0~v1、a0~a3、t0~t7、s0~s7 等，base 表示存储单元的基地址，offset 表示相对于基地址 base 的偏移量。

（2）算术运算类指令。该类指令用于完成加、减、乘、除的算术运算，相关指令如表 5-2 所示。表 5-2 中的 rd、rs、rt 代表进行操作的寄存器，如 v0~v1、a0~a3、t0~t7、s0~s7 等，immediate 代表立即数，后续表格中的符号类似，将不再赘述。

表 5-2　算术运算类指令

指令助记符及格式	指令功能描述
add rd , rs , rt	rd = rs + rt，可产生溢出异常
addi rt , rs , immediate	rt = rs + immediate，可产生溢出异常
addu rd , rs , rt	rd = rs + rt，不产生溢出异常
addiu rt , rs , immediate	rt = rs + immediate，不产生溢出异常
sub rd , rs , rt	rd = rs − rt，可产生溢出异常
subu rd , rs , rt	rd = rs − rt，不产生溢出异常
slt rd , rs , rt	有符号减，若 rs<rt，标志位置 1
slti rt , rs , immediate	有符号减，若 rs< immediate，标志位置 1
sltu rd , rs , rt	无符号减，若 rs<rt，标志位置 1
sltiu rt , rs , immediate	无符号减，若 rs< immediate，标志位置 1
div rs , rt	有符号除
divu rs , rt	无符号除
mult rs , rt	有符号乘
multu rs , rt	无符号乘

（3）逻辑运算类指令。该类指令用于完成与、或非、或、异或的逻辑运算，相关指令如表 5-3 所示。

表 5-3　逻辑运算类指令

指令助记符及格式	指令功能描述
add rd , rs , rt	rd = rs & rt，与操作
andi rt , rs , immediate	rt = rs & immediate，与立即数

续表

指令助记符及格式	指令功能描述
lui rt , immediate	立即数赋给寄存器的高 16 位部分，低 16 位均为 0
nor rd , rs , rt	rd = ~(rs | rt)，或非操作
or rd , rs , rt	rd = rs | rt，或操作
ori rt , rs , immediate	rt = rs | immediate，或立即数
xor rd , rs , rt	rd = rs xor rt，异或操作
xori rt , rs , immediate	rt = rs xor immediate，异或立即数

（4）分支跳转类指令。该类指令用于控制程序的分支，包括有条件的分支指令和无条件的分支指令，相关指令如表 5-4 所示。

表 5-4　分支跳转类指令

指令助记符及格式	指令功能描述
b offset	无条件长跳转
beq rs , rt , offset	若 rs 等于 rt，跳转
bne rs , rt , offset	若 rs 不等于 rt，跳转
bgez rs , offset	若 rs 大于或等于 0，跳转
bgtz rs , offset	若 rs 大于 0，跳转
blez rs , offset	若 rs 小于或等于 0，跳转
bltz rs , offset	若 rs 小于 0，跳转
bltzal rs , offset	若 rs 小于 0，调用子程序并保存返回地址
bgezal rs , offset	若 rs 大于或等于 0，调用子程序并保存返回地址
j target	无条件直接跳转
jal target	无条件直接跳转到子程序，并保存返回地址
jr rs	无条件寄存器跳转
jalr rd , rs	无条件寄存器跳转到子程序，并保存返回地址

（5）移位运算类指令。该类指令用于完成左移、右移操作。有时在程序中，通过左移、右移操作 n 位来实现某个数乘 $2n$ 或者除以 $2n$ 操作，相关指令如表 5-5 所示。

表 5-5　移位运算类指令

指令助记符及格式	指令功能描述
sll rd , rt , sa	rd = rt<<sa，sa 是移位次数，左移空出的位数填 0
sllv rd , rt , rs	rd = rt<<rs[4:0]，移位次数为 rs[4:0]，左移空出的位数填 0
sra rd , rt , sa	rd = rt>>sa，sa 是移位次数，右移空出的位数填 rt[31]
srav rd , rt , rs	rd = rt>>rs[4:0]，移位次数为 rs[4:0]，右移空出的位数填 rt[31]
srl rd , rt , sa	rd = rt>>sa，sa 是移位次数，右移空出的位数填 0
srlv rd , rt , rs	rd = rt>>rs[4:0]，移位次数为 rs[4:0]，右移空出的位数填 0

表 5-5 中，sra 指令和 srav 指令是算术移位操作（右移），其他的是逻辑移位操作。所谓的逻辑移位操作，是指移位空出来的位用 0 填充；而算术移位操作是将空出来的位用 rt 寄存器的最高位填充，即用 rt[31] 填充。MIPS 汇编指令中没有算术左移操作指令。

（6）特殊寄存器操作指令。该类指令主要用于完成读写一些特殊的寄存器，相关指令如表 5-6 所示。

表 5-6　特殊寄存器操作指令

指令助记符及格式	指令功能描述
mfhi rd	将 HI 寄存器的内容读到通用寄存器 rd 中
mflo rd	将 LO 寄存器的内容读到通用寄存器 rd 中
mthi rs	将通用寄存器 rs 的内容写入 HI 寄存器
mtlo rs	将通用寄存器 rs 的内容写入 LO 寄存器
mfc0	将 CP0 的寄存器读到通用寄存器中
mfc0	将通用寄存器写入 CP0 的寄存器
eret	异常处理返回

5.1.2　汇编的伪指令及指示符

在 LoongIDE 工具中，兼容了 GCC 的编译链接工具，其中在采用龙芯 1B 芯片的汇编语言编写的源程序中，语句行的格式有比较严格的要求。语句行中，标号和注释可以顶格书写，不需要有前导空格，但指令、伪指令和指示符不能顶格书写，且指令、伪指令、指示符不能同时出现在同一个语句行中。程序的注释前面必须加"//"，或者用"/* 注释 */"，或者用"#"。

标号是以 a~z、A~Z、0~9，以及 _（下画线）和 .（点号）等符号组成，以 :（冒号）结尾的字符串。标号可以单独占据一个语句行。

语句的标号代表该语句对应的存储单元地址，标号对应地址的确定，通常是由汇编器或链接器来完成的。若标号定义对应的是程序段内部指令，则其地址值在汇编时确定；若标号定义对应的是程序段外部指令，则其地址值在链接时确定。

标号对应的地址计算方法主要有程序相对寻址和寄存器相对寻址。在某一程序段内，标号表示其对应的指令代码所存储的位置与本程序段首条指令代码所存储的位置之间的偏移量，通过程序计数器的值与偏移量相加减来计算标号对应的地址，这种方法称为程序相对寻址。在某程序段中定义的段外标号，代表标号到其映像首地址的偏移量，映像的首地址通常被赋予一个寄存器，计算时使用该寄存器值与偏移量相加减，这种方法称为寄存器相对寻址。

伪指令是汇编器提供的一种符号，而不是汇编指令集中真正的指令。通常伪指令在汇编器汇编时，会翻译成若干条真正的汇编指令。在汇编指令编程中，利用汇编器提供的伪指令，可以使汇编程序更易理解、更加简洁。本小节仅对后续内容中需要用到的几个伪指令进行介绍，其他的伪指令请参考相关数据手册。

（1）伪指令 li。伪指令 li 是将一个立即数赋值给一个寄存器的伪指令。在 MIPS32 指令集中，没有直接将一个立即数赋值给一个寄存器的指令，需要使用其他指令来实现给一个寄存器赋立即数。但为了使程序更易理解，在用汇编语言编程时，通常用伪指令 li 来编写给寄存器赋立即数的语句，汇编器汇编时，会把这条 li 语句翻译成其他真正的汇编指令。例如：

```
li t0 , 0x80010000   // 这条伪指令表示给 t0 寄存器赋值 0x80010000
```

这条伪指令在汇编器汇编时，会被翻译成下面的真正指令：

```
lui t0 , 0x8001
```

再例如：

```
li t0 , 0x40   // 这条伪指令表示给 t0 寄存器赋值 0x40
```

这条伪指令在汇编器汇编时，会被翻译成下面的真正指令：

```
addi t0 , zero , 0x40   // 用立即数加 0 的指令实现了给 t0 寄存器赋值 0x40
```

再例如：

```
li t0 , -4000000   // 这条伪指令表示给 t0 寄存器赋一个负数 -4000000
```

这条伪指令表示赋一个较大的负数，因此汇编器会翻译成下面两条真正指令：

```
lui at , 0xffc2
ori t0 , at , 0xf700     // 最终 t0 寄存器中的值是 0xffc2f700，即 -4000000 的补码
```

（2）伪指令 la。伪指令 la 的作用是将一个符号（或标号）所对应的地址值加载到（存入）一个寄存器中。例如：

```
la a0, start             // 将符号 start 所对应的地址 0x80010000 加载到 a0 寄存器中
```

（3）伪指令 nop。伪指令 nop 是空操作的伪指令，没有具体的执行功能。在汇编程序中，有时在两条指令之间加入 nop 伪指令，起短暂的延时作用。在汇编器汇编时，nop 伪指令会被翻译成下面真正的指令：

```
sll zero , zero , 0
```

除了伪指令，汇编程序中的指示符也是汇编器定义的符号，用来指示汇编器进行汇编的方式。LoongIDE 工具中集成了 GNU 汇编器，因此利用 LoongIDE 工具来编写龙芯 1B 芯片的汇编程序时，需要遵循 GNU 汇编器的一些格式要求。下面对汇编程序中常用的几个主要指示符进行介绍（见表 5-7），其他指示符功能请参考相关数据手册。

表 5-7　常用的几个主要指示符

名称	描述
.byte	定义单字节数据（8 位）
.word	定义字数据（即定义 4 字节数据，32 位）
.ascii	定义字符串，但字符串结尾没有自动添加 "\0"。
.asciiz	定义字符串，但字符串结尾自动添加 "\0"
.end	表示一段源文件的结束
.global	定义一个全局的符号，其格式为 .global symbol
.include	通常用于包含一个头文件
.incbin	可以将一个二进制文件编译到当前文件中，其格式为 .incbin" 文件名 "[,skip[,count]]
.section	定义一个段，其格式为 .section 段名 [, "flags"[,%type]]。其中，flags 是段的标志，如 a 表示允许段，w 表示可写段，x 表示执行段。汇编器中预定义了一些段名，如 .text 表示代码段，.data 表示初始化的数据段
.set/.equ	赋值语句

5.1.3　汇编程序示例

示例 5-1：若有一个数组 C，其含有 6 个字类型的元素，请用汇编语言编写完成 A = B + C[5] 功能的程序，其中 B 是一个 32 位数的常量（如 0x12345678），A 是相加后的结果。

在汇编程序设计时，用一组连续的存储单元来保存数组 C 的 6 个元素（即 6 个字数据），并假设将其首地址（即基地址）保存在寄存器 s2（R18）中，再用寄存器 s0（R16）存储相加的结果 A，用寄存器 s1（R17）存储 B 的数据。具体的代码如下。

```
lui  s1, 0x1234
ori  s1, s1, 0x5678      // 这两行指令将常量 B（0x12345678）保存到寄存器 s1 中
xor  s2, s2, s2
or s2, s2, C             // 这两行指令将数组 C 的基地址保存到寄存器 s2 中
lw t0 , 20(s2)           // 把 C[5] 对应的一个字数据读取到寄存器 t0（R8）中
add s0 , s1 , t0         // 完成 B+C[5] 的功能，并把相加的结果存入 A 中，即存入 s0 中
C:  .word 0xA, 0xB, 0xC, 0xD, 0xE, 0xf      // 存储数组 C 的 6 个元素（字数据）
```

示例 5-2：若有两个变量 a 和 b（假设均是一个字的数据），如果 a 等于 b，那么变量 c 被赋值 8，否则变量 c 被赋值 6，请用 C 语言和汇编语言设计完成该功能的程序。

示例 5-2 所需实现的功能，若用 C 语言来实现，可以写成如下的代码。

```
int a, b, c;
......

if (a == b)
```

```
  c = 8;
else c = 6;
```

但用汇编语言实现示例 5-2 的功能时，程序会相对复杂。在汇编程序设计时，可以定义 3 个存储单元分别对应 3 个变量 a、b、c，然后把这 3 个存储单元对应的地址分别保存到 s0、s1、s2 寄存器中，再通过 s0、s1 来读取保存在存储器中的 a、b 变量值，然后比较它们的值是否相等，根据比较结果向 s2 寄存器对应的存储单元写入 8 或者 6。具体的代码如下。

```
      xor s0, s0, s0
      or s0, s0, a          // 这两行指令将变量 a 的存储单元地址保存到寄存器 s0 中
      xor s1, s1, s1
      or s1, s1, b          // 这两行指令将变量 b 的存储单元地址保存到寄存器 s1 中
      xor s2, s2, s2
      or s2, s2, c          // 这两行指令将变量 c 的存储单元地址保存到寄存器 s2 中
      lw t0 , 0(s0)         // 把变量 a 对应的一个字数据读取到寄存器 t0 中
      lw t1 , 0(s1)         // 把变量 b 对应的一个字数据读取到寄存器 t1 中
      bne t0, t1, else      // 判断 a 是否等于 b，不相等则进行跳转
      xor t2, t2, t2
      or t2, t2, 0x8
      sw t2, 0(s2)
      j exit
else:
      xor t2, t2, t2
      or t2, t2, 0x6
      sw t2, 0(s2)
exit: ……                   // 此处指令被省略
      a:  .word 0
      b:  .word 0
      c:  .word 0
```

示例 5-3：若有两个变量 a 和 b（假设均是一个字的数据），如果 a 小于 b，那么变量 c 被赋值 8，否则变量 c 被赋值 6，请用 C 语言和汇编语言设计完成该功能的程序。

示例 5-3 所需实现的功能，若用 C 语言来实现，可以写成如下的代码。

```
int a, b, c;
……
if (a < b)
  c = 8;
else c = 6;
```

但用汇编语言实现示例 5-3 的功能时，程序会相对复杂。在汇编程序设计时，设计思路与示例 5-2 的类似，具体的代码如下。

```
        xor s0, s0, s0
        or s0, s0, a          // 这两行指令将变量 a 的存储单元地址保存到寄存器 s0 中
        xor s1, s1, s1
        or s1, s1, b          // 这两行指令将变量 b 的存储单元地址保存到寄存器 s1 中
        xor s2, s2, s2
        or s2, s2, c          // 这两行指令将变量 c 的存储单元地址保存到寄存器 s2 中
        lw t0 , 0(s0)         // 把变量 a 对应的一个字数据读取到寄存器 t0 中
        lw t1 , 0(s1)         // 把变量 b 对应的一个字数据读取到寄存器 t1 中
        slt t2, t0, t1        // 若 t0 的值小于 t1 的值，则 t2=1，否则 t2=0
        beq t2, zero, else    // 判断 a 是否小于 b，不小于则进行跳转
        xor t3, t3, t3
        or t3, t3, 0x8
        sw t3, 0(s2)
        j exit
else:
        xor t3, t3, t3
        or t3, t3, 0x6
        sw t3, 0(s2)
exit: ……                     // 此处指令被省略
        a:   .word 0
        b:   .word 0
        c:   .word 0
```

示例 5-4：若有一个数组 FYD[10]，数组的元素是字类型的。现要求判断数组中的元素值是否等于 k，当判断数组中的元素值不等于 k 时，退出。请用 C 语言和汇编语言设计完成该功能的程序。

示例 5-4 所需实现的功能，若用 C 语言来实现，可以写成如下的代码。

```
int k, i;
int FYD[10];
while (FYD[i] == k)
    i += 1;
```

但用汇编语言实现示例 5-4 的功能时，程序会相对复杂。在汇编程序设计时，用 s0 寄存器作为变量 i；定义一个存储单元对应变量 k，用于存储 k 的值，然后把这个存储单元对应的地址保存到 s2 寄存器中，通过 s2 来读取保存在存储器中的 k 变量值；s3 寄存器用于保存数组 FYD[10] 的基地址。具体的代码如下。

```
        xor s2, s2, s2
        or s2, s2, k            // 这两行指令将变量 k 的存储单元地址保存到寄存器 s2 中
        lw t1, 0(s2)            // 读取变量 k 的值，将其暂存在 t1 寄存器中
        xor s3, s3, s3
        or s3, s3, FYD          // 这两行指令将 FYD[10] 数组的基地址保存到寄存器 s3 中
loop:
        sll t2, s0, 2           // 左移两位，相当于 s0 的值乘 4，即变量 i 的值乘 4
        add t2, t2, s3          // 数组基地址加偏移量（即 i×4）
        lw t0, 0(t2)            // 读取数组元素 FYD[i] 的值，将其暂存在 t0 寄存器中
        ben t0, t1, exit        // 判断 FYD[i] 是否等于 k，不相等则跳转到 exit 处
        add s0, s0,1
        j loop                  // 循环，跳转到 loop 处
exit:   ……                     // 此处指令被省略
        k:  .word 8
        FYD:  .word 0x1, 0x2, 0x3, 0x4, 0x5, 0x6, 0x7, 0x8, 0x9, 0xa
```

5.2 嵌入式系统应用软件结构

嵌入式系统的应用领域非常广泛，包括人们日常生活、工作、学习的各个方面。不同的应用领域，其应用需求也是各种各样的，因此不同嵌入式系统的复杂度也不同。在开发软件系统时，不同复杂度的嵌入式系统，其应用软件的结构会不同，所采用的开发方法和使用的开发工具也不同。本节先介绍应用软件复杂度的分类，然后介绍相应的应用软件结构。

5.2.1 应用软件复杂度

嵌入式系统应用软件复杂度指的是应用功能需求的复杂程度，也指应用软件开发的复杂程度。虽然应用功能需求各种各样，但从软件开发的复杂程度来看，我们可以把嵌入式系统的应用分成以下 3 类。

第一类，应用功能需求可以编写为单任务的程序，或者是单任务＋中断任务的程序，并且其显示要求不复杂（如只需要显示字符以及简单的图形），无联网功能要求或者联网功能要求不复杂（如联网采用 RS-485 总线、CAN 总线等）。这一类应用需求在企业生产设备控制、智能测试仪表、医用仪器、智能小区等应用领域比较常见。

针对第一类的应用功能需求，其应用程序的开发复杂程度最低，通常不需要操作系统作为软件平台，而把应用功能程序和硬件的控制及管理程序融合在一个大循环结构中实现，并设计一些中断服务程序来完成那些有实时性要求的任务。开发这一类应用软件通常需要完成以下任务。

（1）启动引导程序设计。在启动引导程序中引导的是应用程序主函数。

（2）应用程序设计。应用程序中需要融合直接进行读/写硬件接口或其寄存器的程序语句，即硬件接口驱动函数需要应用程序设计者自己设计，没有现成的函数可被应用程序调用。

第二类，应用功能需求通常需设计成多任务方式，需要较为复杂的图形显示界面，或者需要以太网联网等功能，但无须支持复杂的数据管理功能（如无须嵌入式数据库），无须支持多媒体处理（如无须处理音频和视频播放），无须支持高层网络应用（如无须连接互联网）。这一类应用需求在飞行器控制器、机器人控制器、图形化显示的智能仪器仪表等应用领域比较常见。

针对第二类的应用功能需求，其应用程序的开发复杂程度较大，通常需要构建一个小型的嵌入式操作系统，如 μC/OS-Ⅲ、RT-Thread，以便提高嵌入式系统开发效率，缩短开发周期。开发这一类应用软件通常需要完成以下任务。

（1）启动引导程序设计。

（2）操作系统移植（如移植 μC/OS-Ⅲ、RT-Thread 等）。

（3）应用程序设计。在应用程序设计时，可以调用操作系统提供的硬件接口驱动函数，但操作系统未提供的硬件接口驱动函数需自行设计。

第三类，应用功能需求通常需设计成多任务方式，需要丰富的图形人机操作界面，或者需要连接互联网功能，或者需要复杂的数据管理功能。这一类应用需求在智能终端、GPS 导航仪、通信设备等应用领域比较常见。

针对第三类的应用功能需求，其应用程序的开发复杂程度很大，通常需要构建一个嵌入式操作系统，如嵌入式 Linux（Android）、Windows CE 等，以便提高嵌入式系统开发效率，缩短开发周期。同时，采用成熟的、具有许多第三方功能软件支撑的操作系统，可以保证应用软件的安全性、可靠性。开发这一类应用软件通常需要完成以下任务。

（1）启动引导程序设计。

（2）操作系统移植（如移植 Linux、Windows CE 等），包括根文件系统的建立。

（3）根据应用需求完成支撑环境的构建，如图形界面的构建、嵌入式数据库管理系统的构建、嵌入式 Web 服务器的构建等。

（4）应用程序设计。操作系统为应用程序提供了丰富的硬件接口驱动函数，应用程序的编写相对简单。

5.2.2　应用软件结构

对于不同的应用功能需求，嵌入式系统的应用软件开发复杂度是不同的，应用软件对应采用的结构就不相同。对应 5.2.1 小节中介绍的 3 类复杂度的嵌入式系统，应用软件结构相应地分成 3 种：轮询结构或轮询 + 中断结构、小型操作系统 + 任务调度结构、通用操作系统 + 中间件 + 应用任务结构。

1. 轮询结构或轮询 + 中断结构

对第一类应用复杂度的嵌入式系统来说，其应用软件不需要基于操作系统来开发，直接基于裸机环境开发，这样可以有效地节省存储空间。若应用程序需要操作硬件部件，则需要应用软件开发者自己编写读 / 写硬件部件的程序，这就需要应用软件开发者对硬件结构有非常详细的了解。

轮询结构或轮询 + 中断结构非常适用于这一类的应用软件。所谓轮询结构就是应用程序的主体是一个循环结构，在循环结构中，根据嵌入式系统的外部输入条件来确定执行哪一个功能任务。循环结构的语句可以采用 for 循环，也可以采用 while 循环；条件判断语句可以采用 if 语句，也可以采用 case 语句。一种典型的轮询结构的应用程序编写如下：

```
for(; ;){
        // 初始设置
        switch ( 条件表达式 ){
                case 条件 1
                        // 对应条件 1 的任务程序
                        break;
                case 条件 2
                        ......
                case 条件 m
                        // 对应条件 m 的任务程序
                        break;
        }
}
```

轮询结构的优点是程序结构简单，适用于任务不需要并发执行的场合。若有实时性要求高的任务需要处理，应用软件的结构可采用轮询 + 中断结构。所谓轮询 + 中断结构，是指应用程序的主体是一个循环结构，在此基础上引入中断机制，紧急任务（即实时性要求高的任务）由中断服务程序处理。这种应用软件结构有时被称为前后台结构。前台是指中断服务程序，后台是指循环结构的应用程序主体。当紧急任务需要处理时，产生外部中断，打断后台的循环程序，进入前台程序（即中断服务程序），处理完前台程序的任务后再返回后台程序继续运行。

轮询 + 中断结构由于引入了中断机制，提高了任务处理的实时性，可以处理一些并发的任务。但相应的软件复杂度也提高了，需要注意中断服务程序与主程序之间的数据一致性和同步协调性。

2．小型操作系统 + 任务调度结构

对第二类应用复杂度的嵌入式系统来说，由于系统功能中需要图形显示界面，或者需要复杂协议的通信（如以太网通信），因为这种系统的软件往往需要以多任务的方式运行。为了合理地利用系统资源来调度任务，降低应用软件的开发难度，在开发这类嵌入式系统时，通常会选择一个小型的嵌入式操作系统（如 μC/OS-Ⅲ、RT-Thread）。这些小型的嵌入式操作系统通常只包含任务调度、进程间通信、中断管理等内核基本功能，并提供一些常规的接口驱动函数（如以太网接口函数、LCD 显示函数等）。应用程序需要完成的功能应该分解成多个任务，然后由小型嵌入式操作系统进行任务创建及初始化、任务调度、进程间通信等操作。

相比轮询结构来说，小型操作系统的任务调度、进程间通信等功能保障了应用程序的任务执行，而不需要在应用程序的主体中采用循环结构。基于小型嵌入式操作系统的应用程序应该采用下面的软件结构。

```
int main(void){
        // 目标机硬件的初始化
        // 小型嵌入式操作系统内核初始化
        // 创建任务 1
        // 创建任务 2
        ……
        // 创建任务 m
        // 创建消息队列
        // 启动多任务调度
        return 0;
}

void task-1(void){
        // 完成任务 1 的语句
}
……
void task-m(void){
        // 完成任务 m 的语句
}
```

在小型操作系统＋任务调度结构的应用程序主函数中，可利用操作系统提供的函数来创建多个任务，并建立任务间的通信消息队列，然后启动任务调度，各任务函数就会在操作系统的调度下执行。任务函数内部的结构及语句需要根据实际任务的要求来编写。

小型操作系统＋任务调度结构可以满足多任务并发处理的要求，可以有效保证系统的实时性和可维护性，缩短应用程序的开发周期。但由于引入了操作系统，需要增加系统的存储空间，这增加了系统的开销。

3. 通用操作系统 ＋ 中间件 ＋ 应用任务结构

对第三类应用复杂度的嵌入式系统来说，嵌入式系统需要丰富的图形人机操作界面、多种复杂协议的网络通信、多媒体信息和大数据信息处理等功能，因此其应用软件必须基于功能强大的操作系统来开发，这样才能有效地满足功能和性能的需求。就操作系统而言，操作系统不仅需要提供任务调度、进程间通信、内存管理等内核基本功能，还需要提供文件系统、网络协议栈、丰富的硬件驱动，以及数据库管理中间件、Java 虚拟机中间件等。一个典型的通用操作系统＋中间件＋应用程序中的任务结构示意如图 5-2 所示。

由于通用操作系统的选择有多种，例如 Android、iOS 等，因此基于它们的应用软件结构不完全相同，采用的开发工具也不相同。

总体来说，上述 3 种嵌入式系统的应用软件结构没有优劣之分，需要根据具体的需求来选择应用软件结构。一个基本的选择准则是：选择可以满足功能和性能需求的，特别是满足任务相应时间需求的简单的应用软件结构。

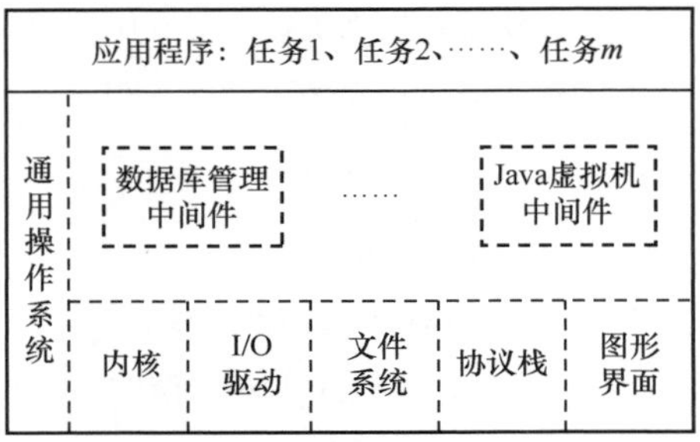

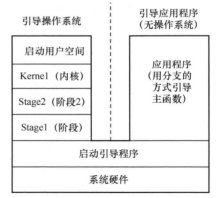

图 5-2 一个典型的通用操作系统 + 中间件 + 应用程序中的任务结构示意图

5.3 启动引导程序

嵌入式系统中上电或硬复位后运行的第一段程序，通常不是操作系统，也不是应用软件，而是一段完成硬件初始化并加载操作系统或应用软件的程序，本书中称其为启动引导程序（有的资料中也称其为启动代码，类似于台式个人计算机的基本输入输出系统）。本节将介绍编写启动引导程序的通用规则和架构，并以龙芯 1B 开发板的 PMON 为例，详细介绍启动引导程序的设计。

5.3.1 启动引导程序架构

启动引导程序的作用如图 5-3 所示。从图 5-3 中可以看到，软件部分最接近硬件的就是启动引导程序，系统开机后，首先运行启动引导程序，然后可以加载并运行（引导）操作系统或者直接加载并运行应用程序（无操作系统）。

启动引导程序的编写需要根据具体的硬件环境来进行，这个硬件环境主要是指微处理器的体系结构，即以不同的嵌入式微处理器芯片为核心开发的嵌入式系统，其启动引导程序是不同的。除依赖微处理器的体系结构之外，

图 5-3 启动引导程序的作用

有时还依赖具体的板级硬件配置。也就是说，对两块不同的嵌入式系统板子而言，即使它们采用相同型号的微处理器芯片，它们的启动引导程序也不同。在一块板子上运行正常的启动引导程序，要想移植到另一块板子上，也需进行必要的修改。但启动引导程序需要完成的功能还是有相似性的。通常启动引导程序需要完成以下功能。

● 设置异常（中断）向量表，且关中断、关看门狗定时器等。

● 有时需要设置系统微处理器的速度和时钟频率。

● 设置堆栈指针。系统堆栈初始化取决于用户使用哪些异常，以及系统需要处理哪些错误类型。一般情况下，管理模式堆栈必须设置；若使用了 IRQ 中断，则 IRQ 中断堆栈必须设置。

● 如果系统应用程序运行在用户模式下，可在系统启动引导程序中将微处理器的工作模式改为用户模式并初始化用户模式下的堆栈指针。

● 若系统使用了 DRAM 或其他外设，需要设置相关寄存器，以确定其刷新频率、总线宽度等信息。

● 初始化所需的存储器空间。为正确运行应用程序，在初始化期间应将系统需要读写的数据和变量从 ROM 复制到 RAM 里；一些要求快速响应的程序，如中断处理程序，也需要在 RAM 中运行；如果使用 Flash，对 Flash 的擦除和写入操作也一定要在 RAM 里运行。

● 跳转到 C 程序的入口点。

5.3.2　龙芯 1B 芯片的启动

以龙芯 1B 芯片为核心的嵌入式系统，要使其能正常地启动，首先需要满足以下电源、复位信号的要求。

（1）上电时，按照下面的顺序和电压值上电。

● VR_VDDA（RTC 电源）上电，电压值为 3.0V，间隔时间大于 1μs。

● IO_VDD 上电，电压值为 3.3V，间隔时间为 1ms。

● PLL_VDD 上电，电压值为 3.3V，间隔时间为 1ms。

● CORE_VDD（微处理器核电源）上电，电压值为 1.2V。

（2）复位信号。SYS_RESET（复位信号）引脚首先保持低电平，持续至少 10ms 以上，然后将该引脚拉成高电平。

硬件正确满足电源、复位信号的要求后，微处理器就会从存储单元中获取启动引导程序的代码进行执行，然后引导操作系统或应用程序进行执行。龙芯 1B 芯片的启动方式有 3 种：SPI NOR Flash（简称 SPI Flash）、NAND Flash、SDIO。也就是说，启动引导程序的代码可以存储在 SPI Flash、NAND Flash 或者 SDIO 中，然后通过硬件引脚的选择来确定微处理器核从 3 种存储介质中的一种存储单元中获取启动引导程序的代码。龙芯 1B 芯片的启动方式选择信号如表 5-8 所示。

表 5-8　龙芯 1B 芯片的启动方式选择信号

引脚信号名称	位数	描述
boot_sel	2	01：选择从 SPI Flash 启动。 10：选择从 NAND Flash 启动。 11：选择从 SDIO 启动
nand_type	2	配置 NAND Flash 芯片的容量大小，仅当 NAND Flash 启动时有效。 00：容量小于或等于 256MB（512B/ 页）。 01：容量等于 512MB（512B/ 页）。 10：容量等于 1GB（2KB/ 页）。 11：容量大于或等于 2GB（2KB/ 页）
rs_rd_cfg	1	NAND Flash 启动时是否采用 ECC，仅当 NAND Flash 启动时有效。 0：不采用 ECC。 1：采用 ECC

龙芯 1B 芯片的体系结构兼容 MIPS32 体系结构，其上电或复位后会产生异常，使得微处理器核进入复位异常处理。因此，可以说龙芯 1B 芯片的启动引导程序实际上就是其复位异常处理程序。

根据龙芯 1B 芯片体系结构中所给出的存储空间分配，如表 5-9～表 5-11 所示，复位异常的入口地址（即复位异常向量）是 0xbfc00000。也就是说，当龙芯 1B 芯片正确上电或复位后，微处理器核就会到 0xbfc00000 地址处取指，开始执行指令。这一步骤是由硬件结构确定的，不需要用户编程控制，但取指执行后，系统就由启动引导程序的代码来控制。也就是说，系统开始执行启动引导程序，完成硬件初始化、调用应用程序主函数等功能。

表 5-9　一级交叉开关 XBAR 上的模块地址空间

地址空间	模块名称	说明
0x00000000 ～ 0x0fffffff	SDRAM	256MB
0xbc280000 ～ 0xbc2fffff	CAMERA_IF	512KB
0xbc300000 ～ 0xbc3fffff	DC	1MB
0xbf000000 ～ 0xbfffffff	AXI-MUX	16MB

表 5-10　AXI-MUX 上的模块地址空间

地址空间	模块名称	说明
0xbd000000 ～ 0xbd7fffff	SPI0-memory	8MB
0xbe000000 ～ 0xbe3fffff	SPI1-memory	4MB
0xbfc00000 ～ 0xbfcfffff	Boot	1MB，根据启动方式映射到 SPI Flash 或者 NAND Flash
0xbfd00000 ～ 0xbfdfffff	CONFREG	1MB
0xbfe00000 ～ 0xbfe0ffff	OTG	64KB
0xbfe10000 ～ 0xbfe1ffff	MAC	64KB
0xbfe20000 ～ 0xbfe2ffff	USB	64KB
0xbfe40000 ～ 0xbfe7ffff	APB-devices	256KB
0xbfe80000 ～ 0xbfebffff	SPI0-IO	256KB
0xbfeC0000 ～ 0xbfefffff	SPI1-IO	256KB

表 5-11　APB 上的模块地址空间

地址空间	模块名称	说明
0xbfe40000 ～ 0xbfe43fff	UART0	16KB
0xbfe44000 ～ 0xbfe47fff	UART1	16KB
0xbfe48000 ～ 0xbfe4bfff	UART2	16KB
0xbfe4C000 ～ 0xbfe4ffff	UART3	16KB
0xbfe50000 ～ 0xbfe53fff	CAN0	16KB
0xBFE54000 ～ 0xbfe57fff	CAN1	16KB
0xBFE58000 ～ 0xbfe5bfff	I^{2}C0	16KB
0xbfe5c000 ～ 0xbfe5ffff	PWM	16KB
0xbfe60000 ～ 0xbfe63fff	保留	16KB
0xbfe64000 ～ 0xbfe67fff	RTC	16KB
0xbfe68000 ～ 0xbfe6bfff	I^{2}C1	16KB

地址空间	模块名称	说明
0xbfe6c000 ~ 0xbfe6ffff	UART4	16KB
0xbfe70000 ~ 0xbfe73fff	I²C2	16KB
0xbfe74000 ~ 0xbfe77fff	AC97	16KB
0xbfe78000 ~ 0xbfe7bfff	NAND	16KB
0xbfe7c000 ~ 0xbfe7ffff	UART5	16KB

从表 5-10 中我们可以看到，地址空间 0xbfc00000~0xbfcfffff 将根据启动方式的不同映射到 SPI Flash 或 NAND Flash，按照 MIPS 体系结构安排，这部分地址中存储的指令代码在取指时，是不经过指令 Cache（高速缓存区）的。换句话说，由于系统刚刚启动或者复位，Cache 等硬件还没有进行初始化，微处理器核需要直接从 ROM 中取指，而不是通过 Cache 来取指。因此，以龙芯 1B 芯片为核心的嵌入式系统，其执行的第一条代码需要存储在 ROM 中，并且该存储器的第一个存储单元地址必须对应 0xbfc00000，容量不要超出 1MB。

5.3.3　PMON 介绍

以龙芯 CPU 为核心的计算平台中，通常采用 PMON 作为启动引导程序，有时把 PMON 称为龙芯系统的 BIOS（Basic Input/Output System，基本输入输出系统）。

PMON 最初作为 MIPS R3000 开发板的监控程序而设计，后来代码经过大量的改动，发布了 PMON 2000，龙芯系列计算平台所使用的 PMON 是在 PMON 2000 基础上修改而来的。

PMON 源文件目录中包含许多子目录，其目录名称及作用如表 5-12 所示。

表 5-12　PMON 目录名称及作用

目录名称	作用
conf	通用配置文件
Doc	文档
Examples	程序示例
fb	SiS 显卡驱动、图形 Logo 及代码
include	通用头文件
lib	库文件，包括 libe、libm、libz
pmon	PMON 主体源代码
sys	系统内核基础代码、部分驱动代码
targets	目标文件，板级的配置文件、头文件、源文件
tools	编译工具软件
x86emu	x86 模拟程序源代码
zloader	解压缩程序
zloader.xxx	指向 zloader 目录的链接

表 5-12 中，目录 tools 中包含许多子文件夹以及工具软件。其中，子文件夹 pmoncfg 下名为 pmoncfg 的工具软件，用来根据配置信息为 PMON 的生成做准备工作。PMON 的编译需要先生成 pmoncfg 文件，然后利用 pmoncfg 来进行 PMON 的编译，生成 PMON 的二进制文件。

以龙芯 1B 芯片为核心的嵌入式系统，如果利用 PMON 作为启动引导程序，那么其第一条指令代码对应的存储单元地址必须是 0xbfc00000，然后微处理器核按照图 5-4 的流程执行 PMON。

从图 5-4 中我们可以看到，PMON 的启动流程有两种路径，一种是首先直接在 ROM 中运行，经过若干步骤后将压缩过的主体程序复制到 RAM 中，然后将其解压；另一种是编译成可加载的代码，然后加载到 RAM 中运行，这种流程一般用于调试阶段的 PMON 运行。initmips() 函数的主要工作就是配置相关硬件寄存器、设置系统环境、初始化常用的硬件部件，如 PCI、GPIO、网络、显示器等，然后调用 main() 函数。至此，PMON 启动完成。

5.3.4 PMON 的代码解析

在以龙芯 1B 芯片为核心的嵌入式系统中，其应用程序通常是在无操作系统环境下，或者在一个小型操作系统环境下设计的。因此，了解 PMON 的相关代码设计对设计者来说是非常有必要的，这样有助于设计者完整地设计出嵌入式系统的软件。下面按照代码流程的顺序，对 PMON 的 zloader 文件夹下 start.S 文件中的启动代码进行逐步解析。该段代码是用龙芯

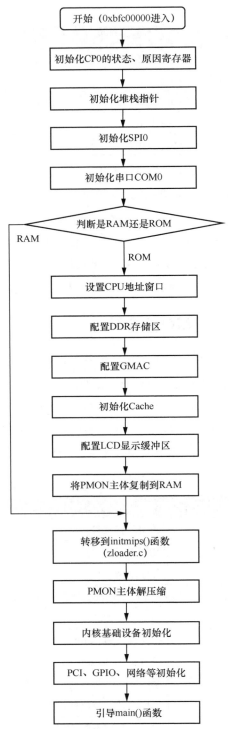

图 5-4 PMON 的执行流程

1B 芯片的汇编指令设计的，是系统启动时最先执行的一段代码。

在 start.S 文件中，首先定义了一些通用寄存器，这些寄存器的作用在 2.2.3 小节中介绍过，具体如表 2-2 所示。具体的定义语句如下：

```
#define zero    $0              /* 该寄存器值始终为 0*/
#define AT      $at             /* 汇编器临时使用的寄存器 */
#define v0      $2              /* 返回值寄存器 */
#define v1      $3
#define a0      $4              /* 函数参数传递寄存器 */
#define a1      $5
#define a2      $6
#define a3      $7
#define t0      $8              /* 临时寄存器 */
#define t1      $9
#define t2      $10
#define t3      $11
#define t4      $12
#define t5      $13
#define t6      $14
#define t7      $15
#define s0      $16             /* 保留寄存器，子程序使用 */
#define s1      $17
#define s2      $18
#define s3      $19
#define s4      $20
#define s5      $21
#define s6      $22
#define s7      $23
#define t8      $24             /* 临时寄存器 */
#define t9      $25
#define k0      $26             /* 异常所使用的寄存器，用于保存系统参数 */
#define k1      $27
#define gp      $28             /* 全局指针 */
#define sp      $29             /* 堆栈指针 */
#define s8      $30             /* 帧指针 */
#define ra      $31             /* 返回地址寄存器 */
```

在 start.S 文件中，又定义了 CP0 协处理器中的一些寄存器及相关常量。CP0 协处理器中的寄存器作用如表 2-3 所示。具体的定义语句如下：

```
#define COP_0_TLB_INDEX                 $0
#define COP_0_TLB_RANDOM                $1
#define COP_0_TLB_LO0                   $2
```

```
#define  COP_0_TLB_LO1                    $3
#define  COP_0_TLB_CONTEXT                $4
#define  COP_0_TLB_PG_MASK                $5
#define  COP_0_TLB_WIRED                  $6
#define  COP_0_BAD_VADDR                  $8
#define  COP_0_COUNT                      $9
#define  COP_0_TLB_HI                     $10
#define  COP_0_COMPARE                    $11
#define  COP_0_STATUS_REG                 $12
#define  COP_0_CAUSE_REG                  $13
#define  COP_0_EXC_PC                     $14
#define  COP_0_PRID                       $15
#define  COP_0_CONFIG                     $16
#define  COP_0_LLADDR                     $17
#define  COP_0_WATCH_LO                   $18
#define  COP_0_WATCH_HI                   $19
#define  COP_0_TLB_XCONTEXT               $20
#define  COP_0_ECC                        $26
#define  COP_0_CACHE_ERR                  $27
#define  COP_0_TAG_LO                     $28
#define  COP_0_TAG_HI                     $29
#define  COP_0_ERROR_PC                   $30
/* RM7000 specific */
#define  COP_0_WATCH_1                    $18
#define  COP_0_WATCH_2                    $19
#define  COP_0_WATCH_M                    $24
#define  COP_0_PC_COUNT                   $25
#define  COP_0_PC_CTRL                    $22
#define  COP_0_ICR                        $20
#define  COP_0_DERR_0                     $26
#define  COP_0_DERR_1                     $27

#define  CP0_CONFIG                       $16
#define  CP0_TAGLO                        $28
#define  CP0_TAGHI                        $29
```

在 start.S 文件中，还定义了下面一些常量，具体的定义语句如下：

```
#define  SR_BOOT_EXC_VEC                  0x00400000
```

```
#define CONFIG_CACHE_64K_4WAY            1
#define tmpsize                          s1
#define msize                            s2
#define sdShape                          s3
#define bonito                           s4
#define dbg                              s5
#define sdCfg                            s6

#define CFG_IB                           0x00000020
#define CFG_DB                           0x00000010
#define CFG_C_WBACK                      3
#define CFG_BE                           0x00008000
#define CFG_EPMASK                       0x0f000000
#define CFG_EPD                          0x00000000
#define CFG_EM_R4K                       0x00000000
#define CFG_EMMASK                       0x00c00000
#define CFG_AD                           0x00800000
#define DDR100                           0x04041091
#define DDR266                           0x0410435e
#define DDR300                           0x041453df
#define PLL_MULT     (0x54)              // 若晶振为 24MHz，设置 PLL 为 504MHz
#define SDRAM_DIV    (0)                 // SDRAM 的时钟为 CPU 时钟的 2 分频
#define CPU_DIV              (2)         // CPU 时钟为 PLL 时钟的 2 分频
#define UART_BASE_ADDR   LS1C_UART2_BASE   // 串口 2 作为调试串口
#define CONS_BAUD            115200      // 波特率为 115200bit/s
```

在 start.S 文件中，用指示符对一些符号进行了说明及赋值。指示符的具体作用在 5.1.2 小节中已经介绍，在此直接使用，不再进行介绍。

```
.set            noreorder
.global         _start
.global         start
.global         __main
_start:
start:
.global         stack
stack = start - 0x4000    /* Place PMON stack below PMON start in RAM */
```

在 start.S 文件中，所有程序语句中第一条执行的是 mtc0 语句，该语句用于完成对 CP0 协处理器中的状态寄存器（Status）清零，紧接着对 CP0 协处理器中的原因寄存器（Cause）清零，再

153

一步一步地向下执行。

```
mtc0    zero, COP_0_STATUS_REG          //CP0 中的状态寄存器清零
mtc0    zero, COP_0_CAUSE_REG           //CP0 中的原因寄存器清零
```

紧接着的下面两条语句，用于设置状态寄存器中的 BEV 位为 1，在前面已经定义常量 SR_BOOT_EXC_VEC 的值为 0x00400000，通过 mtc0 指令将该值写入 CP0 的状态寄存器。CP0 的状态寄存器格式如图 2-9 所示，BEV 位于该寄存器的第 22 位，所以该寄存器的值对应 0x00400000 时，使得 BEV 位设置为 1。BEV 位设置为 1 的目的是将异常的入口地址设置在 ROM 中，即微处理器核采用非缓冲存储地址空间。

```
li      t0, SR_BOOT_EXC_VEC
mtc0    t0, COP_0_STATUS_REG            //CP0 的状态寄存器的 BEV 位置 1
```

在 start.S 文件中，下面语句初始化堆栈指针寄存器、全局寄存器。此处设置的堆栈区是从 start 地址前的 0x4000 个字节开始的，其指针 SP 寄存器的值为 start-0x4000。按照 MIPS 体系结构规定，SP 寄存器是一个通用寄存器，并没有规定压栈后 SP 寄存器是按递增还是递减变化，但通常情况下，软件约定是按递减变化的。

```
la      sp, stack                       // 设置堆栈指针寄存器
la      gp, _gp                         // 设置全局寄存器
```

下面语句用于初始化 SPI0。把 SPI0 的基地址 0xbfe80000 设置好，并设置 SPI0 相应的控制寄存器。

```
li  t0, 0xbfe80000          // 设置 SPI0 寄存器的基地址，即 0xbfe80000
li  t1, 0x17
sb  t1, 0x4(t0)             // 设置寄存器 sfc_param
li  t1, 0x05
sb  t1, 0x6(t0)             // 设置寄存器 sfc_timing
```

下面语句初始化系统时钟相关的部件，包括 PLL、微处理器核和 SDRAM 的时钟。

```
li      t0, 0xbfe78030                      // 设置 PLL/SDRAM 频率配置寄存器的地址
// 设置 PLL 倍频及 SDRAM 分频
li      t2, (0x80000008 | (PLL_MULT << 8) | (0x3 << 2) | SDRAM_DIV)
li      t3, (0x00008003 | (CPU_DIV << 8)) // 设置 CPU 分频
li      t1, 0x2
sw      t1, 0x4(t0)                        // CPU_DIV_VALID 清零，即不使能
sw      t2, 0x0(t0)                        // 写寄存器 START_FREQ
sw      t3, 0x4(t0)                        // 写寄存器 CLK_DIV_PARAM
DELAY(2000)
```

　　下面语句初始化串口，该串口用于调试，即可在启动时显示一些启动信息。串口初始化需要放在 PLL 初始化之后进行，这是因为串口的波特率计算需要用到时钟频率。串口初始化程序是作为子程序调用的，因此首先把返回地址暂时保存到寄存器 AT 中。

```
        move AT , ra                        // 把返回地址暂时保存到寄存器 AT 中
        la   v0, UART_BASE_ADDR             // 加载串口基地址到寄存器 v0 中
 #ifdef     HAVE_MUT_COM
        bal    1f
        nop


        li     a0, 0
        la     v0, COM3_BASE_ADDR
        bal    1f
        nop


        jr     AT
        nop
#endif
1:
        // 清空 RX、TX 的 FIFO, 申请中断的 trigger 为 4 字节
        li     v1, FIFO_ENABLE|FIFO_RCV_RST|FIFO_XMT_RST|FIFO_TRIGGER_4
        sb     v1, LS1C_UART_FCR_OFFSET(v0)     // 初始化 FIFO 控制寄存器（FCR）
        li     v1, CFCR_DLAB                    // 访问操作分频锁存器
        sb     v1, LS1C_UART_LCR_OFFSET(v0)     // 初始化线路控制寄存器（LCR）

#if (UART_BASE_ADDR == 0xbfe4C000)
        // 初始化 UART3 的 RX、TX 所使用的 GPIO 引脚，默认使用第一复用
        li     a0, 0xbfd011C4
        lw     a1, 0x10(a0)
        ori    a1, 0x06
        sw     a1, 0x10(a0)
#elif (UART_BASE_ADDR == 0xbfe48000)
        // 初始化 UART2 的 RX、TX 所使用的 GPIO 引脚，默认使用第二复用（GPIO36、GPIO37）
        li     a0, LS1C_CBUS_FIRST1  // 加载复用寄存器 CBUS_FIRST1 的地址到寄存器 a0
        lw     a1, 0x10(a0)          // 加载复用寄存器 CBUS_SECOND1 的值到寄存器 a1
        ori    a1, 0x30             // 设置 GPIO36、GPIO37 为第二复用功能
        sw     a1, 0x10(a0)          // 将寄存器 a1 的值写入寄存器 CBUS_SECOND1 中
#elif (UART_BASE_ADDR == 0xbfe44000)
        // 初始化 UART1 的 RX、TX 所使用的 GPIO 引脚
```

```
            li          a0, 0xbfd011F0
            lw          a1, 0x00(a0)
            ori         a1, 0x0c
            sw          a1, 0x00(a0)
#endif
            // 下面首先获得 PLL 频率，然后计算通信的速率，即波特率
            li      a0, 0xbfe78030 // 将 PLL/SDRAM 频率配置寄存器的地址加载到寄存器 a0 中
            lw      a1, 0(a0)       // 加载频率配置寄存器 START_FREQ 的值到寄存器 a1 中
            srl     a1, 8
            andi    a1, 0xff       // 此时 a1 寄存器中是 PLL_MULT（PLL 倍频系数）
            li      a2, APB_CLK    // 将外部晶振频率赋给 a2 保存，APB_CLK = 24MHz
            srl     a2, 2          // a2 = a2 >> 2 = APB_CLK/4
            multu   a1, a2         // a1 * a2 = PLL_MULT * APB_CLK /4
            mflo    v1             // 将 a1 * a2 的结果的低 32 位放到 v1 中，v1 中值为 PLL 频率
            // 下面判断是否对时钟分频
            lw      a1, 4(a0)      // 加载寄存器 CLK_DIV_PARAM 的值到寄存器 a1 中
            andi    a2, a1, DIV_CPU_SEL   // a2 = a1 & DIV_CPU_SEL，即读取 CPU_SEL 位的值
            bnez    a2, 1f               // 若 a2 != 0 则跳转到下一个标号 1 处
            nop
            li      v1, APB_CLK          // v1 = APB_CLK，即 CPU 时钟为晶振频率
            b       3f
            nop
            /* 下面的一段程序（即标号 1 处开始，到标号 4 处）的功能等同于
            li      v1, ((APB_CLK / 4) * (PLL_MULT / CPU_DIV)) / (16*CONS_BAUD) / 2
            */
1:          // 判断 CPU 分频系数是否有效
            andi    a2, a1, DIV_CPU_EN  // 获取 CPU_DIV_EN 位的值
            bnez    a2, 2f                   // 若 a2 不等于 0，则跳转到下一个标号 2 处
            nop
            srl     v1, 1                    //v1 右移一位，即 v1=(APB_CLK/4 * PLL_MULT)/2
            b       3f
            nop
2:          // 计算 CPU 频率
            andi    a1, DIV_CPU                      // 完成 a1 &= DIV_CPU 的运算及赋值
            srl         a1, DIV_CPU_SHIFT //a1 >>= DIV_CPU_SHIFT，即 a1 为 CPU 分频系数
            divu    v1, a1
            mflo    v1                              //v1 = lo，即 v1 为 CPU 频率
3:
```

```
        li      a1, 16*CONS_BAUD              //a1 = 16 × 波特率
        divu    v1, v1, a1                    //v1 = v1 / a1
        srl     v1, 1                         //v1 >>= 1, 即 v1 /= 2
        sb      v1, LS1C_UART_LSB_OFFSET(v0)  // 将低 8 位写入分频锁存器 1
        srl     v1, 8                         // v1 >>= 8
4:      sb      v1, LS1C_UART_MSB_OFFSET(v0)  // 将低 8 位写入分频锁存器 2
        // 下面初始化线路控制寄存器，数据格式设置为 8 位数据位、1 位停止位、无校验位
        li      v1, CFCR_8BITS
        sb      v1, LS1C_UART_LCR_OFFSET(v0)  // 写线路控制寄存器
        li      v1, 0x0                       // 关闭所有中断
        sb      v1, LS1C_UART_IER_OFFSET(v0)  // 写中断使能寄存器（IER）
        j       ra
        nop
```

下面语句用于配置 SDRAM，其配置寄存器 SD_CONFIG 为 64 位。先写寄存器 SD_CONFIG 的低 32 位，然后写寄存器 SD_CONFIG 的高 32 位。为了保证能正确设置，这段设置程序需要执行 3 遍，最后将寄存器的最高位置 1，即使能。具体 SDRAM 配置代码如下。

```
// 第一遍配置设置
li      t1, 0xbfd00410       // 设置 SD_CONFIG 寄存器低 32 位的地址
li      a1, SD_PARA0
sw      a1, 0x0(t1)          // 将宏 SD_PARA0 的值写入寄存器 SD_CONFIG 的低 32 位
li      a1, SD_PARA1
sw      a1, 0x4(t1)          // 将宏 SD_PARA1 的值写入寄存器 SD_CONFIG 的高 32 位
// 第二遍配置设置
li      a1, SD_PARA0         // 宏 SD_PARA0 在 sdram_cfg.S 中定义
sw      a1, 0x0(t1)          // 将宏 SD_PARA0 的值写入寄存器 SD_CONFIG 的低 32 位
li      a1, SD_PARA1
sw      a1, 0x4(t1)          // 将宏 SD_PARA1 的值写入寄存器 SD_CONFIG 的高 32 位
// 第三遍配置设置
li      a1, SD_PARA0         // 宏 SD_PARA0 在 sdram_cfg.S 中定义
sw      a1, 0x0(t1)          // 将宏 SD_PARA0 的值写入寄存器 SD_CONFIG 的低 32 位
li      a1, SD_PARA1_EN
sw      a1, 0x4(t1)          // 使能
```

上面代码中，宏 SD_PARA0、SD_PARA1、SD_PARA1_EN 是根据存储器颗粒大小来定义的。例如，若 SDRAM 的型号为 EM63A165TS，其容量为 32MB，行地址线宽为 13 位、列地址线宽为 9 位、数据位宽为 16 位，则定义语句如下。

```
#define   SD_PARA0      (0x7f<<25 | (6 << 21) | (8 << 17) | (3 << 14) | (3 <<
                        11) |(3 << 8) | (0x1 << 6) | (0x0 << 3) | 0x2)
#define   SD_PARA1      ((0x0 << 8) | (0x0 << 7) | (2 << 5) | (0x818 >> 7))
#define   SD_PARA1_EN   ((0x1 << 9) | (0x0 << 8) | (0x0 << 7) | (2 << 5) |
                        (0x818 >> 7))
```

下面语句初始化 Cache。

```
li     s7, 0                        // 对应 L2 级 Cache
li     s8, 0                        // 对应 L3 级 Cache
bal    cache_init                   // 调用子程序 cache_init，完成初始化
nop
mfc0   a0, COP_0_CONFIG             // 将 CP0 的 CONFIG 寄存器的值加载到寄存器 a0 中
and    a0, a0, ~((1<<12) | 7)
or     a0, a0, 2
mtc0   a0, COP_0_CONFIG             // 将寄存器 a0 的值写入 CP0 的 CONFIG 寄存器
```

子程序 cache_init 采用汇编语言编写，完成对 Cache 相关配置寄存器的设置，其具体语句如下。

```
      .ent          cache_init
      .global       cache_init
      .set          noreorder
cache_init
      move t1, ra
cache_detect_4way:
      .set    mips32
      mfc0    t4, CP0_CONFIG1     // 将 CP0 的 CONFIG1 寄存器的值加载到寄存器 t4 中
      lui     v0, 0x7
      and     v0, t4, v0
      srl     t3, v0, 16          // 设置 Icache 组相联数 IA
      li      t5, 0x800           //0x800 = 32*64
      srl     v1, t4,22
      andi    v1, 7               //Icache 每路的组数
      sll     t5, v1
      sll     t5, t3
      andi    v0, t4, 0x0380
      srl     t7, v0, 7
      li      t6, 0x800           //0x800 = 32*64
      srl     v1, t4,13
      andi    v1, 7
```

```
        sll        t6, v1
        sll        t6, t7


        lui        a0, 0x8000        //a0 = 0x8000 << 16
        addu    a1, $0, t5
        addu    a2, $0, t6
cache_init_d2way:
        mtc0        $0, CP0_TAGHI
        addu    v0, $0, a0
        addu    v1, a0, a2
         slt        a3, v0, v1
        beq        a3, $0, 1f        // 若 a3 等于 0，则转移到标号 1 处
        nop
        mtc0        $0, CP0_TAGLO
        cache    Index_Store_Tag_D, 0x0(v0)
         beq        $0, $0, 1b
        addiu    v0, v0, 0x20
5:
cache_flush_i2way:
        addu        v0, $0, a0
        addu        v1, a0, a1
         slt        a3, v0, v1
        beq        a3, $0, 1f
        nop
        cache    Index_Invalidate_I, 0x0(v0)
         beq        $0, $0, 5b
        addiu    v0, v0, 0x20
cache_flush_d2way:
        addu    v0, $0, a0
        addu    v1, a0, a2
        slt            a3, v0, v1
        beq            a3, $0, 1f
        nop
        cache    Index_Writeback_Inv_D, 0x0(v0)
         beq            $0, $0, 1b
        addiu            v0, v0, 0x20

cache_init_finish:
```

```
        jr    t1
        nop
        .set reorder
        .end cache_init
```

下面语句用于把存储在 ROM 中的 PMON 主体复制到 RAM 中，这样代码就可在 RAM 中运行。复制时分两步执行。

（1）将完成复制任务的代码复制到 RAM 的 0xa0000000 地址处。该段代码将完成把 PMON 主体复制到 RAM 中。

（2）将 PMON 主体复制到 RAM 的 0xa0010000 地址处。

在具体进行复制时，需要先用寄存器 s0 进行地址修正。这是因为启动时起始地址是 0xbfc00000，也就是说，复制时地址空间还在 SPI Flash 运行。但是，程序链接时指定的起始地址是 0x80010000。具体代码如下。

```
        la    t0, 121f        // 将标号 121 所对应的地址加载到 t0 寄存器
        addu  t0, s0          // 使用寄存器 s0 修正 t0 中的地址
        la    t1, 122f        // 将标号 122 所对应的地址加载到 t1 寄存器
        addu  t1, s0          // 使用寄存器 s0 修正 t1 中的地址
        // 下面先将完成复制任务的代码复制到 0xa0000000 开始的区域
        li    t2, 0xa0000000    // 将立即数 0xa0000000（起始地址）加载到 t2 寄存器
6:
        lw    v0, (t0)        // 将 t0 寄存器所指的单元开始的 4 字节数据加载到 v0 寄存器
        sw    v0, (t2)        // 将寄存器 v0 的内容保存到寄存器 t2 所指的内存中
        addu  t0, 4           // 寄存器 t0 的值加 4，即相关地址向后移 4 字节
        addu  t2, 4           // 寄存器 t2 的值加 4，即相关地址向后移 4 字节
        ble   t0, t1, 6b      // 若 t0<=t1，则跳转到标号 6 处，继续复制后面的 4 字节数据
        nop
        li    t0, 0xa0000000    // 将立即数 0xa0000000 加载到寄存器 t0
        jr    t0                // 跳转到地址 0xa0000000 处开始执行（复制任务）
        nop


121:
        // 下面将开始复制 PMON 的主体到 0xa0010000 的 RAM 区域
        /*MIPS 体系结构规定，其虚拟存储空间中
                        kseg0 地址为：0x80000000~0x9fffffff
                        kseg1 地址为：0xa0000000~0xbfffffff
        它们均映射到物理存储空间的相同区域。因此，当复制到 0xa0000000 开始的 kseg1，就相当
        于复制到 0x80000000 开始的 kseg0，这就是为什么链接时指定的地址是 0x80010000，而
        复制的目标起始地址却是 0xa0010000 */
```

```
        la       a0, start  // 将符号 start 所对应的地址 0x80010000 加载到 a0 寄存器中
        addu     a1, a0, s0 // 通过 s0 寄存器修正 a0 寄存器中的地址，此时 a1 的值为 0xbfc00000
        la       a2, _edata // 将 _edata（链接脚本中的一个符号）加载到 a2 寄存器中
        or       a0, 0xa0000000        // 把 a0 寄存器设置成 0xa0010000
        or       a2, 0xa0000000        // 将 a2 寄存器的值修正为符号 _edata 对应的地址
        subu     t1, a2, a0           // 计算从 start 到 _edata 之间的长度（字节数）
        srl      t1, t1, 2            //t1 右移 2 位，即除 4
        move     t0, a0              // 设置目标区域的起始地址，即 0xa0010000
        move     t1, a1              // 设置源区域的起始地址，即 0xbfc00000
        move     t2, a2             // 设置源区域的起始地址，即符号 _edata 在 ROM 中的地址
        // 下面语句进行复制
7:      and      t3, t0, 0x0000ffff  // 取 t0 寄存器中的低 16 位保存在 t3 寄存器中
        bnez     t3, 8f              // 若 t3 不等于 0，则跳转到下一个标号 8 处继续执行
        nop
8:      lw           t3, 0(t1)      // 读取 t1（源区域）处的 4 字节数据到 t3 寄存器中
        nop
        sw       t3, 0(t0)          // 将 t3 寄存器中的 4 字节数据保存到 t0（目标区域）处
        addu     t0, 4              // t0+4，后移 4 字节（目标地址）
        addu     t1, 4              // t1+4，后移 4 字节（源地址）
        // 通过 t2 是否等于 t0 判断复制是否结束
        // 若 t2 不等于 t0，则跳转到上一个标号 7 处继续复制
        bne      t2, t0, 7b
        nop
```

下面语句将初始化 bss 段，bss 段是程序中未初始化的全局变量对应的存储区域。实际上程序编译、链接后，会生成 text 段（代码段）、data 段（数据段，存储已初始化的全局变量）和 bss 段（数据段，存储未初始化的全局变量）。这 3 段中，text 段和 data 段通过前面介绍的语句已经复制到了 RAM 中；而对 bss 段来说，由于其是未初始化的全局变量存储区，因此不需要复制，只需要全部清零即可。

```
        //bss 段清零操作
        la    a0, _edata            // 将符号 _edata 对应的地址加载到 a0 寄存器
        la    a2, _end              // 将符号 _end 对应的地址加载到 a2 寄存器
9:      sw    zero, 0(a0)           // 将 a0 寄存器所指向的 4 字节存储单元清零
        // 通过 a2 是否等于 a0 判断清零是否结束，若 a2 不等于 a0，则跳转到上一个标号 9 处继续清零
        bne                a2, a0, 9b
        addu               a0, 4
```

当完成了硬件的基本初始化后（如初始化了 SP、GP 等寄存器，初始化了 SDRAM，初始化了

Cache，并把存储于 ROM 的代码复制到了 RAM），就可以运行用 C 语言编写的程序。进入用 C 语言编写的程序运行，是通过直接转移到 main() 函数来实现的，此时用汇编语言编写的启动引导程序结束，系统进入 C 语言程序。下面语句是实现跳转到 main() 函数的汇编代码。

```
// 通过转移语句来实现进入 main() 函数
move        a0, msize          // 设置 a0 寄存器的值为 RAM 的大小 msize
srl         a0, 20             //a0 寄存器的值右移 20 位，目的是将单位转换为 MB
la          v0, main           // 将 main() 函数的地址加载到 v0 寄存器中
jalr        v0                 // 子程序转移指令，即调用 v0 寄存器所指的函数
nop
```

至此，系统在 PMON 的控制下正常启动，进入 C 语言程序运行，系统由 C 语言程序控制。

5.3.5　PMON 的编译与烧写

针对不同的目标系统硬件环境，PMON 的代码有时需要做一些修改，如系统主频参数、堆栈区的大小、串口的波特率等。对于不同的目标系统，这些硬件的设计会有所不同，因此需要对 PMON 中相应的代码进行修改。修改后的 PMON 需要重新编译、链接，生成相应的二进制文件，再烧写到目标系统中，这样才能让 PMON 正确地在该目标系统上运行。

1. PMON 的编译

PMON 的源代码可以在其官方网站上下载，下载时最好使用开放源代码的版本控制系统。若在 Windows 操作系统下，下载 SVN 工具；若在 Linux 操作系统下，下载 GETIT 工具。

有了 PMON 的源代码，就可以对其进行编译，最终生成 gzrom.bin 文件。该文件可以通过 EJTAG 方式烧写到目标系统的 NOR Flash 存储器中。PMON 源代码的编译步骤如下。

（1）安装交叉编译工具 mips-elf.tar.gz。它是一个压缩文件包，需要解压后才能使用。同时设置好交叉编译路径（通过设置 PATH 环境变量来实现）。

（2）生成名为 pmoncfg 的工具。即进入 tools/pmoncfg 目录，然后运行该目录下的 make 文件生成 pmoncfg 工具。该工具利用词法分析器和语法分析器来分析配置文件，再根据不同的配置选择不同的源程序进行编译。

（3）进入 zloader.ls la 目录，运行 Makefile.ls la。首先执行 make cfg（处理配置文件），然后执行 make tag=rom（生成可执行文件）。

（4）make cfg 步骤最重要的工作是执行 pmoncfg 工具，生成一个新的 Makefile 文件，该文件是根据配置文件生成的，具有几千行语句。

（5）make tag=rom 步骤将完成多个任务，即生成 ld.script、编译 PMON 主体、编译相关库函数、链接生成 pmon.bin、压缩 pmon.bin、组成 zloader.c（该文件包含 pmon.bin.c、initmips.c、inflate.c、malloc.c、memop.c）、编译 zloader.c、链接 start.o 和 zloader.o 生成 gzrom.bin。

从 PMON 编译步骤中，我们可以看到 PMON 最后包含在 zloader 中，而且 zloader 中还包含

start.o，该文件必须是 CPU 上电后最先运行的。

2. PMON 的烧写

通过编译步骤生成的 gzrom.bin 文件，就是 PMON 烧写到 NOR Flash 的可执行文件。烧写的工具可采用第 01 章中介绍的 LoongIDE。利用 LoongIDE 工具烧写 gzrom.bin 文件到 NOR Flash 中的步骤如下。

（1）通过记事本等文字处理工具把安装目录下的 LoongIDE.ini 文件打开，确保其中的一条语句设置为 allowprogram=1，如图 5-5 所示。

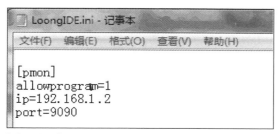

图 5-5　LoongIDE.ini 文件中需修改的语句

（2）运行 LoongIDE，在其菜单栏中单击"工具→ NOR Flash 编程"，进入图 5-6 所示的 PMON 烧写界面。

（3）在图 5-6 中，在"二进制代码文件 (Likely PMON)"文本框中选择需要被烧写的 PMON 二进制文件 gzrom.bin（文件名中不能含有中文、空格等符号）。

（4）连接好开发板与主机之间的 EJTAG 电缆线，然后在图 5-6 所示的界面中单击"通过 EJTAG 进行编程（需要连接 EJTAG 调试器）"单选按钮，再单击"确定"按钮，即可开始进行 PMON 的烧写。

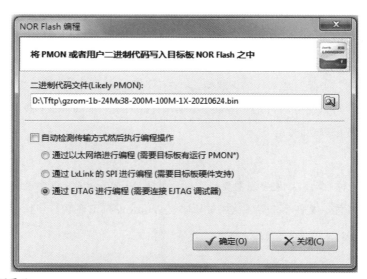

图 5-6　PMON 烧写界面

（5）若在进行 PMON 的烧写操作时提示"编程失败"，就需要重新进行烧写操作。其操作步骤是：先擦除 NOR Flash 芯片内容（即按住 Ctrl 键，单击"确定"按钮），待擦除操作完成后，关闭开发板电源，然后重新打开，确保系统正确复位，再单击"确定"按钮，重新开始烧写 PMON。

5.4 其他启动引导程序

选用 PMON 作为系统的启动引导程序，通常是在以龙芯微处理器为核心的嵌入式系统中。而以其他微处理器芯片（如 ARM 微处理器芯片）为核心的嵌入式系统会选用其他启动引导程序，如 U-Boot、vivi、E-Boot 等。下面对几个流行的启动引导程序进行简要介绍，在嵌入式系统开发时可以以它们为蓝本，修改并移植成自开发硬件平台的启动引导程序。

1. U-Boot

U-Boot 是一种比较通用的启动引导程序，它的全称是 Universal BootLoader。它是德国 DENX 软件工程中心推出的一个开源软件，相关的源代码可以在其官网上下载。基于 ARM 系列微处理器开发的目标系统或开发板，有许多采用了 U-Boot 作为其启动引导程序。

U-Boot 不仅具有启动引导功能，还提供串口通信、网络通信、文件系统、操作命令响应等功能，并且可以启动某个应用程序运行。但它只支持单进程，不能提供复杂的多任务调度机制。实际上，U-Boot 也可以说是一个简单的操作系统，类似于早期嵌入式系统中的监控程序，若要用 U-Boot 引导复杂的操作系统，如 Linux 操作系统，只需要它的启动引导代码即可，不需要其监控命令解析部分。

2. vivi

vivi 由韩国 mizi 公司推出，其适用于 ARM 系列微处理器，尤其是以三星公司生产的 S3C2440、S3C2410 为核心的嵌入式系统，它被广泛地用作启动引导程序或监控程序。

用作启动引导程序时，实际上是 vivi 的启动加载模式，这是 vivi 的默认模式。vivi 运行一段时间（时间可以由用户设置）后，若没有人工干预，会自行启动引导 Linux 内核，从而引导 Linux 操作系统。

用作监控程序时，实际上是 vivi 的下载模式。在下载模式下，vivi 为用户提供一个命令行接口，通过命令行接口用户可以使用 vivi 的一些命令来操作目标系统，可以完成下载用户应用程序的二进制代码、启动用户程序等功能。

3. E-Boot

E-Boot 也是一种启动引导程序，主要用作启动引导 Windows CE 操作系统。它可以带有命令行菜单、网络调试功能、文件系统等，完成引导加载 Windows CE 的内核镜像。

第**06**章

软件平台二：操作系统移植及驱动设计

在复杂的嵌入式系统中，应用功能需求通常需要设计成多任务方式，如需要丰富的图形人机界面、需要连接互联网功能、需要复杂的数据管理功能等。为了满足这些复杂的应用功能需求，嵌入式系统的应用程序开发复杂度很高，通常需要构建一个嵌入式操作系统，如 Linux、RT-Thread 等，以便利用操作系统来管理嵌入式系统上的硬件资源，并为用户的应用程序提供硬件接口的驱动函数。在嵌入式操作系统中开发应用程序，可提高嵌入式系统开发效率，缩短开发周期。同时，采用成熟的、具有许多第三方功能软件支撑的操作系统，可以保证应用软件的安全性、可靠性。

本章首先介绍操作系统的基本原理和概念，再介绍嵌入式系统中的操作系统移植问题，最后介绍一个具体的嵌入式操作系统 RT-Thread 及其驱动程序。

6.1 操作系统概述

一个嵌入式系统，如果说硬件是它的躯体，那么软件就是它的"灵魂"。嵌入式系统的软件部分通常包括系统软件（即嵌入式操作系统）和应用软件。其设计者通常需要把这两种软件组合在一起，作为一个有机的整体来控制硬件动作，从而实现嵌入式系统的应用功能。应用软件完成系统的动作和行为控制，而嵌入式操作系统完成应用软件与嵌入式硬件平台的交互。换句话说，相当于嵌入式操作系统抽象了一个实际的硬件系统，使应用软件运行在一个虚拟的硬件上，即应用软件在嵌入式操作系统上运行，如图 6-1 所示。

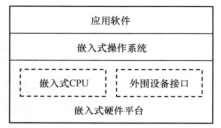

图 6-1　嵌入式系统软件结构示意图

6.1.1　操作系统的功能组成

操作系统通常由内核、驱动程序、用户命令解析（Shell，俗称外壳）、中间件等组成。这些功能组件中，内核是操作系统的关键部分，是整个嵌入式系统中能够执行特权指令、管理硬件资源和访问所有存储空间的一段程序，内核的性能决定着嵌入式系统的性能，包括稳定性。

不同的嵌入式操作系统产品具有不同的功能组件，其内核功能也有所不同，有的甚至包括一些应用程序组件。例如，市场上一些图形化的操作系统产品（如 Android 等），其操作系统功能组件就包含应用程序。

但是，总体来说，无论哪种操作系统，其内核的常规功能是提供微处理器管理（包括时钟管理、异常及中断管理等）、进程（任务）管理、存储管理等。常规的内核功能可以归纳为以下几个部分。

1. 主存储器管理

主存储器管理（或称内存管理）主要用于确保所有进程能够安全地共享主存储区域。操作系统需要对嵌入式系统内设计的有限主存储器空间进行虚拟处理，使用户程序认为有很多的主存储器空间供其使用，这部分逻辑上的存储器被称为虚拟存储系统。操作系统通常把主存储器空间分成很多页，在系统运行时把这些主存储器页与辅助存储器进行交换，而用户程序不知道这样的处理。当然，操作系统中还有其他虚拟措施，如多进程。

目前，许多嵌入式微处理器芯片内部采用 MMU 来支持虚拟主存储器（即虚拟内存）管理方式，并可利用文件系统把暂时不用的主存储区的数据块交换到外部存储设备存储。

2. 任务调度及进程管理

任务调度就是把微处理器核的执行权分配给处于就绪状态的任务，并保证其正确完成任务的机制。任务调度通常会采用一定的算法来确保每个任务能够合理地得到执行权。现代操作系统中，任务可以被分成一个或多个进程来进行调度，或者被分成一个或多个线程来进行调度。

所谓进程，是指任务程序的一次动态执行过程中进行资源分配的独立模块，它由程序代码、数据集合和进程控制块组成，是操作系统分配资源的最小单位。所谓线程，是指任务程序执行中的单一顺序控制流程，是程序执行流程的最小单位。一个进程可以包含一个或者多个线程，各线程共享一个内存空间。

进程（或线程）管理包括进程调度和进程间通信。进程调度模块负责控制进程对微处理器资源的使用，所采取的调度策略是使各个进程能够公平、合理地访问微处理器，同时保证内核能及时执行硬件操作。进程间通信支持进程之间各种通信机制，主要包括信号、文件锁、管道、等待队列、信号量、消息队列、共享内存、套接字等。

进程可以被理解成活动的程序，每个进程是相互分离的实体，是微处理器正在运行的一个特定的程序。如果系统有多个微处理器，那么每个进程理论上能运行在一个不同的微处理器上。但是，嵌入式系统中通常只有一个微处理器，因此操作系统需进行另一种虚拟化，让每一个进程每次只能连续运行很短的时间，这个时间周期就是时间片。操作系统采用这种虚拟手段使每个进程认为只有自己在运行。因为进程能帮助我们处理同时发生的多个事件，所以它对嵌入式系统的设计来说非常重要。一个程序在设计时没有引入进程概念的实时嵌入式系统，到最后通常会是一段不能正常执行的混乱代码。

3．设备驱动

设备驱动是操作系统内核的重要部分，是操作系统中最复杂多样的功能组件之一，尤其对嵌入式操作系统来说。它完成操作系统与其控制的硬件设备的交互，从而使硬件设备特性及管理细节对用户透明。因此，设计设备驱动程序时需关心设备硬件细节，它是与设备特定控制芯片相关联的。设备驱动通常运行在较高的优先级环境中。

4．文件系统

文件系统用于支持对外部存储设备的驱动和存储操作，通过向所有的外部存储设备提供一个通用的文件接口，隐藏各种硬件存储设备的不同细节，使得用户可以方便地浏览系统中保存在辅助存储器上的文件和目录，而不关心它们所在的物理介质的特性。因此，用户和进程不需要知道文件的种类，只要使用文件系统管理文件即可。

5．网络管理

网络管理提供了对各种网络标准的存取和对各种网络硬件的支持。网络管理可分为网络协议和网络设备驱动程序。网络协议负责实现每一种可能的网络传输协议。网络设备驱动程序负责与硬件设备通信，每一种可能的硬件设备都有相应的设备驱动程序。

6.1.2　实时操作系统的概念

所谓实时操作系统（Real-Time Operating System，RTOS），通俗的理解就是操作系统的某些任务能及时地被调度执行，并在较短的规定时间内完成任务。严格地说，任务处理的实时性应具备以下特征。

● 任务事件产生后，任务能被立即响应，即操作系统内核需对该任务程序第一时间进行调度执行，而不需要在任务队列中排队等待。

● 任务事件的响应应该在一个较短的规定时间内完成。

任务处理满足以上特征的操作系统称为实时操作系统。在嵌入式操作系统中，VxWorks、μC/OS-Ⅲ、RT-Thread 的内核对任务的处理符合上述特征，可以称它们是实时操作系统。而 Linux 操作系统中，当后台任务较多时就会出现任务响应较慢的情况，资源出现冲突时有些任务会出现"假死机"现象，因此 Linux 操作系统不能称为实时操作系统。这并不是因为 Linux 操作系统的任务执行速度不够快，而是因为 Linux 操作系统的任务执行时间具有不确定性。

操作系统内核通常会采用某种算法来调度任务。而实时操作系统内核为了保证对实时任务的调度，通常会对任务进行分级，不同重要性的任务，其优先级不同。优先级高的任务能够抢占优先级低的任务的执行权，实时操作系统内核采用抢占式任务调度算法来实现这样的机制。下面介绍两种抢占式任务调度算法。

1. 基于优先级的抢占式任务调度算法

操作系统在创建每个任务时，会给每个任务指定一个优先级，内核把微处理器核分配给处于就绪状态且优先级最高的任务；当一个优先级高于当前任务优先级的任务变为就绪状态时，内核立即保存当前任务的上下文，将当前任务状态变为阻塞状态，插入相应队列，并切换到高优先级任务的上下文。实时操作系统通常会把任务按照优先级分成许多个。例如，VxWorks 共有 256 个优先级，优先级号为 0~255，优先级号越小，任务的优先级越高。如 0 号的任务优先级最高，255 号的任务优先级最低。在任务执行的过程中可以调用相关例程（函数）动态地修改优先级，以便跟踪外部事件优先级的变化。外部中断被指定为高于任何任务的优先级，这样可保证外部中断在任何时候都能抢占一个任务。

图 6-2 所示是基于优先级的抢占式任务调度算法示例。t1、t2 和 t3 是优先级由低到高的 3 个任务。t1 被高优先级的 t2 抢占，t2 又被 t3 抢占，当 t3 执行结束时 t2 继续执行，当 t2 执行结束时 t1 继续执行。

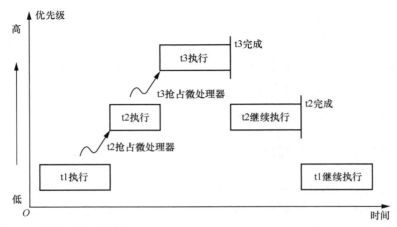

图 6-2 基于优先级的抢占式任务调度算法示例

2. 时间片轮转调度及优先级抢占式混合算法

在许多实时操作系统中，对于同等优先级的任务常采用时间片轮转调度算法。为了使具有相同优先级且处于就绪状态的任务公平地共享微处理器核，一个任务执行一个预先确定的时间段，该时间段被称为时间片，然后另一个任务执行相等的另一个时间片，两个任务依次交替进行，这就是时间片轮转调度。若没有时间片轮转调度，当有多个具有相同优先级的任务需要共享微处理器核时，一个任务可能会独占微处理器核，且不会被阻塞，直到被一个更高优先级的任务抢占，因而它不给同一优先级的其他任务执行的机会。

图 6-3 所示是时间片轮转调度及优先级抢占式混合算法的调度示例。t1、t2、t3 为相同优先级的 3 个任务，t4 为优先级相对较高的一个任务。t2 在执行时，被高优先级的 t4 抢占，当 t4 执行结束时 t2 继续执行，时间片完成后 t3 继续执行。

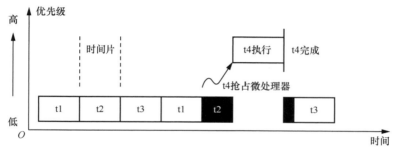

图 6-3　时间片轮转调度及优先级抢占式混合算法的调度示例

对实时操作系统来说，通常用任务的响应时间来评价其实时性。所谓"任务的响应时间"，是指从任务事件请求开始到任务执行完成所花的时间。为了更好地支持实时任务，实时操作系统必须能以最短的时间响应任务事件的请求，从而切换到执行该任务事件的代码。因此，中断延迟时间、任务切换时间、任务抢占时间等是衡量实时操作系统性能的重要指标。

（1）中断延迟时间。中断延迟时间是指从系统接收到被允许的中断请求信号开始，到系统做出响应并转入中断服务程序为止所需的最长时间。中断延迟时间可以分解成两部分：$T_{中断延迟} = T_1 + T_2$。其中，T_1 是不可响应的最长时间，即系统处于不允许响应中断（即关中断）的状态所花的时间，如系统正在执行临界区代码；T_2 是上下文切换时间，即从响应中断后到切换进中断服务程序开始执行第一条指令为止的时间。T_1 不是固定的，因为中断请求信号通常是随机产生的，此时系统所处的状态是不确定的；而 T_2 是固定的，由微处理器核及其中断机制等决定。为了有效地提高操作系统的实时性能，就要尽可能地减少 T_2。

（2）任务切换时间。任务切换时间是指操作系统在两个具有相同优先级、均处于就绪状态的独立任务之间切换所花费的时间。任务切换时间可以分成 3 个部分：$T_{任务切换} = T_1 + T_2 + T_3$。其中，$T_1$ 是保存当前任务上下文所花的时间，T_2 是调度算法函数选择新任务所花的时间，T_3 是恢复新任务上下文所花的时间。有些资料中把保存当前任务上下文所花的时间和恢复新任务上下文所花的时间统称为上下文切换时间。总体来说，任务切换时间主要取决于保存上下文所用的数据结构和操作系统采用的任务调度算法。

（3）任务抢占时间。任务抢占时间是指操作系统将控制权从低优先级的任务转移到高优先级的任务所花的时间。为了对系统的控制权进行抢占，系统需要先识别引起高优先级任务就绪的事件，然后比较两个任务的优先级，最后进行低优先级任务和高优先级任务的切换。任务抢占时间通常比任务切换时间长，因为在任务调度过程中，首先要确认唤醒任务的事件，然后评估当前执行的任务的优先级和请求执行的任务的优先级哪个高，最后进行任务切换。

市场上的实时操作系统产品通常会给出中断延迟时间、任务切换时间等性能参数，以便让用户了解该实时操作系统的实时性能。表 6-1 是市场上几款实时操作系统的实时性能参数对比。

表 6-1　市场上几款实时操作系统的实时性能参数对比

操作系统名称	系统空闲		系统重负载	
	最大中断延迟时间 /μs	最大任务切换时间 /μs	最大中断延迟时间 /μs	最大任务切换时间 /μs
VxWorks	13.1	19.0	25.2	38.8
RTLinux	13.5	33.1	196.8	193.9
RTEMS	15.1	16.4	20.5	51.3

注：表中参数在以 300MHz 的 PowerPC 604 为核心的嵌入式系统目标机上测得。

6.1.3　单内核与微内核

内核是操作系统的核心，其作用是管理系统硬件资源，在多任务的状态下调度任务并发执行。操作系统的结构是由内核结构确定的，内核结构可以分成两类：单内核结构和微内核结构。

单内核机制是操作系统的传统内核机制，它把内核的任务，如进程管理、设备管理、文件管理、网络通信等整合在一起。单内核内部的各功能组件模块的耦合度很高，通过函数调用实现各功能组件模块的通信。单内核通常被编译、链接成一个整体的可执行程序，在嵌入式系统启动时装入主存储器，并在微处理器的管理模式（保护模式）下运行，需常驻主存储器中。单内核机制的操作系统需占用较大的主存储器空间，缺乏可扩展性，任务执行时间的可预测性较低，若修改内核，需要对其重新编译，因此维护较困难。其优点是应用程序开发效率很高，系统花在内核功能切换上的开销非常小，对外部事件反应速度快，操作系统内核的运行效率高。单内核的内部结构通常会按照功能分成若干层，如图 6-4 所示。

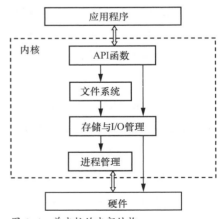

图 6-4　单内核的内部结构

分层结构的单内核将内核功能划分成若干层，下层模块封装了功能细节，上层模块调用下层模块的功能函数。这样使得操作系统功能层次清晰，功能函数之间的耦合度低，便于开发和维护；但每一层均需要向上层提供通信机制，降低了系统的运行效率。

微内核机制是将操作系统必须实现的功能，如任务调度、任务间通信、低级存储器管理、中断处理等放入内核中实现，而其他功能放在内核之外的程序中实现。这样的操作系统，由于其内核实现的功能较少，所以称为微内核。微内核的操作系统结构如图 6-5 所示。

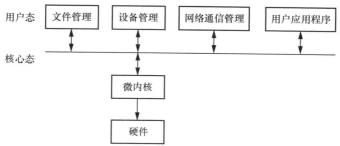

图 6-5　微内核的操作系统结构

从图 6-5 中我们可以看到，微内核结构的操作系统把操作系统的功能分成两部分：一部分是完成操作系统核心任务的微内核，其运行于核心态；另一部分运行于用户态，提供一些系统服务，如设备管理、文件管理等。在用户应用程序运行过程中，如果需要操作系统提供服务，该服务就作为客户进程以消息通信方式向微内核发出请求，微内核将该请求以消息通信方式传给相应的服务进程，服务进程响应该请求并提供服务，其结果仍以消息通信方式通过微内核返回给客户进程。

将单内核操作系统和微内核操作系统进行比较，我们可以把它们的优缺点归纳如下。

单内核操作系统的优点如下。

● 内核任务多，提供的服务多。

● 功能切换和通信开销比较小，这是因为系统的各个组件可以相互调用。

单内核操作系统的缺点如下。

● 占用资源较多，因为即使不使用的功能组件和设备驱动程序也常驻内存中。

● 维护工作量大。

采用单内核结构的操作系统，典型的有嵌入式 Linux（包括 Android）、UNIX、MS-DOS、Windows 9x、Windows CE 等。

微内核操作系统的优点如下。

● 占用资源少，内核精巧，结构紧凑。

● 开发和维护方便，系统可以动态更新服务模块。

● 接口一致。微内核提供了一致的接口，所有的服务都通过消息通信方式调用，用户态任务不需要区分是内核级服务还是用户级服务。

● 可扩展性与可配置性强，满足嵌入式系统的可裁减要求。

● 健壮性强。各个服务进程在用户态运行，有自己的主存储器空间，以消息通信方式通信，一个服务进程出错不会影响整个内核，从而可增强系统的健壮性。

微内核操作系统的缺点是通信和上下文切换的开销大。微内核操作系统中，由于客户进程和服务进程及服务进程之间的通信都需要通过微内核，因此每当客户进程请求服务进程服务时，至少需要进行 4 次上下文切换，而单内核操作系统只需要进行 2 次上下文切换。若某个服务进程自身尚无能力完成客户请求而需要其他服务进程帮助，上下文切换将更为频繁。

微内核操作系统的很多优点正好匹配嵌入式系统对操作系统的需求，因此，在嵌入式系统中有许多操作系统就是采用微内核结构的。采用微内核结构的操作系统，典型的有 VxWorks、QNX、Mach 等。

6.1.4　内核移植

嵌入式操作系统的移植通常分成两部分进行，即内核部分和系统部分。内核部分控制系统的板级硬件，包括主存储器、I/O 端口部件等。系统部分加载必需的设备、配置运行环境等。本小节主要讨论内核移植问题。

所谓嵌入式操作系统移植，就是构建适合在某硬件平台上运行的嵌入式操作系统，这就需要对嵌入式操作系统中与硬件平台有关的代码进行修改，而与硬件平台无关的代码无须修改。为了便于移植，嵌入式操作系统在解决平台无关性和可扩展性方面，通常采用两种有效的途径：一种是分离硬件相关代码和硬件无关代码，使上层永远不必关心下层使用了什么代码、如何完成操作；另一种是采用代码模块可加载或卸载机制，方便内核扩展。

那么，什么是硬件相关，什么是硬件无关呢？我们以进程管理模块为例来说明。对进程管理中的进程调度，若采用时间片轮转调度算法，在所有硬件平台的嵌入式操作系统中都是这样的算法，那么它就是与硬件无关的；而进程间的切换实现方法就是硬件相关的，因为硬件平台不同，其实现的代码也不同。6.1.1 小节介绍的内核的 5 个功能，进程管理与硬件的相关程度最高，文件系统和网络管理则几乎与硬件无关，它们由设备管理中的驱动程序提供底层支持。因此，在进行嵌入式操作系统移植时，需要修改的就是进程管理、主存储器管理和设备驱动中被独立出来的、与硬件相关的那部分代码。

若目标系统的硬件平台已经被嵌入式操作系统内核所支持，那么移植时的工作量就非常小，只需要进行简单的配置、编译就可以得到目标代码；否则移植时就有许多代码需要进行修改。通常需要修改的就是与硬件相关的这部分代码，它们包含对绝大多数硬件底层进行的操作，涉及 IRQ、主存储器页表、快表、浮点处理、时钟等问题。因此，要想正确修改这些代码，设计者要对微处理器芯片的体系结构及板级硬件平台有非常透彻的理解。

进行嵌入式操作系统移植时，最大的修改部分是内核中控制底层的代码。例如，在嵌入式 Linux 移植时，需要修改的部分代码在 arch/×××/kernel 下（××× 代表硬件平台所用 CPU 的名称），它们是内核所需调用的接口函数。根据不同的硬件平台，内核中主要有以下几个方面的不同。

（1）启动引导程序的接口代码。例如，在 Linux 移植中，启动引导程序的接口代码通常需要完全改写。

（2）进程管理底层代码。进程管理实际上就是对 CPU 的管理，不同的 CPU 体系结构，包括 CPU 中的寄存器不同、上下文切换方式不同、栈处理不同等，进程管理的底层代码也不同。要想完成对这些内容的修改，设计者一定要对 CPU 的体系结构有透彻的理解。

（3）板级硬件平台的时钟、中断支持代码。许多板级的硬件中断资源通常不同，即使是同种CPU也会存在这种现象，异种CPU平台更是如此。因此，对不同的硬件平台必须编写不同的代码。

（4）特殊结构代码。每一种CPU的体系结构都有自己的特殊性，这里所指的是相关工作模式切换、电源管理方式的那部分代码。不同的CPU，在内核中这部分代码编写也不同。

（5）存储器管理底层代码。这部分代码完成主存储器的初始化以及各种与主存储器管理相关的数据结构建立。由于许多嵌入式操作系统采用了基于页式管理的虚拟存储技术，而CPU实现主存储器管理的功能单元统一被集成到CPU中，因此主存储器管理成为一个与CPU硬件结构紧密相关的工作。同时，主存储器管理的效率也是最影响嵌入式系统性能的因素之一。因为主存储器是嵌入式系统中最频繁访问的部件之一，如果每次主存储器访问时多占用了一个时钟周期，就有可能降低系统性能。在嵌入式操作系统中，不同硬件平台上的主存储器管理代码的差异是非常大的。不同的CPU有不同的主存储器管理方式，即使同一种CPU也会有不同的主存储器管理方式。

嵌入式操作系统内核移植完成后，移植工作就完成了大部分。也就是说，当嵌入式操作系统内核经过交叉编译生成可以执行的代码后，就可以加载到目标系统硬件平台上运行，内核移植成功后，就可以进行系统移植工作。系统移植的目的是在目标系统硬件平台上建立一个小型的软件系统平台，包括根文件系统、libc库、驱动模块、必需的应用程序和系统配置脚本等。

6.2 RT-Thread 操作系统

RT-Thread（全称是 Real Time-Thread）是由国内研发团队开发并维护的嵌入式实时操作系统。随着物联网的兴起和发展，其在嵌入式系统中也得到了广泛的应用，越来越受到嵌入式系统开发者的重视。本节将介绍 RT-Thread 操作系统的基本情况及其架构、RT-Thread 的移植等内容。

6.2.1 RT-Thread 概述

RT-Thread 操作系统诞生于 2006 年，主要采用 C 语言编写，是一款占用资源少、实时性能高、功耗低、成本低的开源嵌入式实时操作系统。它架构清晰、系统模块化、可裁减性能好，非常方便移植。经过多年的发展，目前 RT-Thread 操作系统支持市场上许多主流编译工具，如 Keil、GCC、IAR、LoongIDE 等，并且已经完成了许多嵌入式微处理器架构下的移植工作，如 ARM、MIPS、RISC-V、龙芯 1x 等。RT-Thread 操作系统在发展历程中，经历了以下一些重要的发展阶段。

2006 年，RT-Thread 0.1.0 推出。该版本是以内核的形态推出的，其内核小型、实时、可裁减。这里的所谓"小型"，是指 RT-Thread 内核最小时只需 3KB ROM 型存储单元、1.2KB RAM 型存储单元；"实时"是指内核的线程调度采用了位图（Bitmap）调度算法，计算时间是固定的；"可裁减"是指内核的细节可以进行调整，可对各种组件（如文件系统、网络协议栈等）进行配置。随后几年，内核的功能得到不断修改和补充，RT-Thread 0.2.0、0.2.1、0.2.3、0.2.4 等版本相继推出，不同版本支持不同的微处理器硬件架构。

2011 年，RT-Thread 1.0.0 推出，该版本的内核更加稳定。随后几年，新增了动态模块加载功能、一些设备驱动架构、SQLite 数据库移植，以及一些服务组件；并改善了设备虚拟系统的重命名问题、对象名复制问题等；支持 ARM9、Cortex-M3、MIPS 等许多微处理器硬件架构，并能够支持 Keil MDK、ARMCC 等集成开发工具。

2015 年，RT-Thread 2.0.0 推出。该版本新增了轻量级的 JavaScript 引擎、NFS（Network File System，网络文件系统）、SPI Wi-Fi 网卡驱动，以及许多服务组件；并支持 Zynq-7000、LPC4300、TM4C129x 等微处理器硬件架构。

2017 年，RT-Thread 3.0.0 推出。该版本启用了针对内核、组件、在线软件包的 menuconfig 和 Kconfig 配置机制，完善了 POSIX 接口支持，新增了许多 IoT（Internet of Things，物联网）服务组件等。

2018 年，RT-Thread 4.0.0 推出。该版本新增了多核机制，支持小程序，具有更完善的 POSIX 接口支持和跨多编译器平台支持等。随后 RT-Thread 的版本不断地改进和完善，并将不断地推出改进后的版本。

RT-Thread 操作系统的版本有标准版和 Nano 版。Nano 版适用于资源受限的嵌入式系统，其内核被裁减得很小，因此需要的存储空间很小；而标准版更适用于资源丰富的嵌入式系统，可以导入丰富的服务组件，实现类似 Android 操作系统的图形化界面、触摸屏滑动操作、智能语音交互操作等。总体来说，RT-Thread 操作系统具有以下特点：

● 操作系统内核小型，占用资源少，超低功耗设计；

● 组件丰富，具有丰富的软件包生态；

● 软件设计上采用模块化、松耦合设计，易于裁减和扩展；

● 芯片支持广泛，跨编译器平台；

● 软件代码易于阅读、掌握，软件简单、易用。

RT-Thread 操作系统的源代码是免费开源的，采用许可证方式。不同时期的代码版本采用不同的许可证，如 RT-Thread 0.3.0 采用 GPLv2 许可证，而从 RT-Thread 3.1.0 开始采用 Apache 2.0 许可证。这两种许可证非常宽松，使用者在使用时只需声明使用了相关代码即可，无须支付费用，并且从相关代码派生出的源代码也不需要公开。获得许可证后，授权范围包括 RT-Thread 的硬实时内核（Kernel）、虚拟文件系统（Virtual File System, VFS）、图形用户界面（Graphical User Interface, GUI）、命令行交互界面（FinSH）等。

RT-Thread 操作系统的源代码及相关文档、工具软件可在其官网下载。源代码也可在 https://github.com/RT-Thread/rt-thread（GitHub 网站）和 https://gitee.com/rtthread/rt-thread（码云网站）上直接下载。GitHub 网站中下载的是最新开发的 RT-Thread 代码，码云网站中下载的是 RT-Thread 发布版本。其源代码目录及说明如表 6-2 所示。

表 6-2　RT-Thread 源代码目录及说明

目录名称	说明
scr	RT-Thread 内核的源文件
include	RT-Thread 内核的头文件
components	RT-Thread 各个服务组件的代码，如 GUI、FinSH
libcpu	对应各种芯片的底层代码，需要移植
BSP	对应相关开发板的板级支持包，需要移植
examples	示例程序代码
documentation	相关说明文档
tools	RT-Thread 命令构件工具的脚本文件

6.2.2　RT-Thread 的架构

RT-Thread 操作系统的标准版除了包含操作系统内核外，还包含丰富的服务组件，如文件系统、图形库、云端连接服务等，其运行需要丰富的硬件资源。Nano 版通常只包含实时内核，以及可移植的 FinSH 组件，它主要用于硬件资源缺乏的终端设备中。

1. 标准版 RT-Thread 的架构

在标准版 RT-Thread 的架构中，操作系统的功能分成了 3 层，即实时内核层、服务组件层、软件包层，如图 6-6 所示。

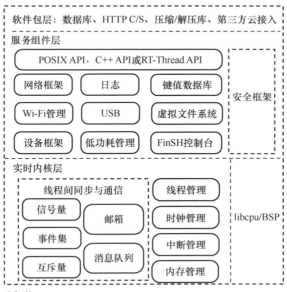

图 6-6　标准版 RT-Thread 的架构

图 6-6 中，实时内核层是 RT-Thread 操作系统的核心部分，包含信号量、邮箱、消息队列、线程管理（多线程）、内存管理等，并且这一层还包含芯片移植的相关文件和板级支持包，即 libcpu/BSP，这部分的程序代码是与硬件密切相关的。

服务组件层在实时内核层之上，提供一些经常用到的程序功能模块，例如虚拟文件系统、FinSH 控制台（命令行交互界面）、网络框架、设备框架等。这一层组件的软件代码采用模块化设计，组件内部高内聚，组件之间低耦合。

软件包层中的软件属于应用软件，由 RT-Thread 官方或者第三方开发者提供，基于 RT-Thread 的通用软件包包括软件源代码或库文件、描述文档。软件包层中的软件是 RT-Thread 生态的重要组成部分，它可极大地方便相关应用软件开发者在短时间内完成自己的设计任务。目前，这一层软件包支持多种面向各种应用的软件包，例如：

● 支持系统方面的软件包，用作数据库、图形界面等，主要有 SQLite、RTGUI、Persimmon UI、lwext4、partition 等；

● 支持物联网方面的软件包，主要有 Paho MQTT、WebClient、mongoose、WebTerminal 等；

● 支持脚本语言的软件包，主要有 JerryScript、MicroPython 等；

● 支持多媒体应用的软件包，主要有 OpenMV、MuPDF 等；

● 支持工具应用类的软件包，主要有 CmBacktrace、EasyFlash、EasyLogger、SystemView 等。

2. Nano 版 RT-Thread 的架构

与标准版 RT-Thread 不同的是，Nano 版 RT-Thread 只包含实时内核层和可裁减的 FinSH，不包含其他服务组件等。Nano 版 RT-Thread 内核层的功能也经过精简，非常适用于硬件资源不足的场合。Nano 版 RT-Thread 的架构如图 6-7 所示。

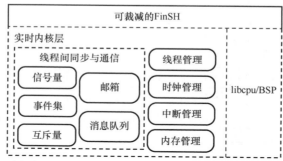

图 6-7 Nano 版 RT-Thread 的架构

从图 6-7 可以看到，Nano 版 RT-Thread 操作系统仅具有完整的内核功能，包括线程管理、线程间同步与通信、时钟管理、中断管理、内存管理，以及可裁减的 FinSH。Nano 版 RT-Thread 操作系统非常方便移植，有些开发工具就直接包含其函数库，如 Keil MDK、LoongIDE 等。

6.2.3 RT-Thread 移植

在 6.1.4 小节中已经介绍过内核移植的原理和概念。移植的工作就是把操作系统中与硬件密切相关的那部分代码，修改成符合目标系统硬件环境的代码，使其能在目标系统硬件平台上正确运行。前文提到，RT-Thread 操作系统具有标准版和 Nano 版，但它们的内核结构是相同的，这一小节我们就具体讨论 Nano 版 RT-Thread 操作系统的内核移植问题。

在 Nano 版 RT-Thread 操作系统中，内核中与硬件密切相关的代码文件主要在 libcpu 目录和 BSP 目录下。libcpu 目录下存放了与微处理器架构密切相关的代码文件，主要有中断管理（即全局的中断开 / 关等初始化）、线程栈初始化等，例如 libcpu\arm\cortex m3\ 目录下的 context.S 文件和 cpuport.c 文件。BSP 目录下存放了与目标板级系统密切相关的代码文件，例如 BSP\stm32f103-blink\drivers\ 目录下的 board.c 文件，其内部有与系统时钟、操作系统节拍（OS Tick）、板级硬件初始化、动态内存堆设置等相关的代码。因此，Nano 版 RT-Thread 操作系统的移植，主要是完成 libcpu 目录和 BSP 目录下的相关代码修改。

1. RT-Thread 的启动流程

对 RT-Thread 的启动流程进行了解，有助于完成 RT-Thread 操作系统的移植工作。总体来说，嵌入式系统上电启动时，首先运行启动引导程序（如 PMON 的 start.S），然后加载操作系统（如 RT-Thread），最后调用应用程序的 main() 函数。

启动引导程序 start.S 通常是由微处理器芯片厂商提供的，每款微处理器芯片有其对应的启动引导程序，龙芯 1B 芯片的启动引导程序 start.S 已经在 5.3.4 小节中介绍过，此处不进行介绍。

有些微处理器芯片的启动引导程序在其片上 ROM 中，通常被称为 BootROM，有些芯片则没有。没有 BootROM 的微处理器芯片，开发者就需要把厂商提供的 start.S 与应用程序一起进行编译、链接，然后下载并运行。

若应用程序是基于 RT-Thread 操作系统进行设计的，那么在 start.S 文件的源代码中就需要修改其中控制程序跳转的语句，以便系统在运行启动引导程序后进入 RT-Thread 操作系统的入口函数 rtthread_startup()。

例如，若使用龙芯 1B 芯片，采用 GCC 编译器（或兼容 GCC 的编译工具，如 LoongIDE），应用程序基于 RT-Thread 操作系统开发，那么启动引导程序运行后，就需要控制系统转移到 RT-Thread 提供的 entry() 函数。entry() 函数代码如下：

```
int entry(void){
    rtthread_startup();
    return 0;
}
```

因此，通过启动引导程序先转移到 entry() 函数，再通过 entry() 函数调用 rtthread_startup() 函数而进入 RT-Thread 操作系统的入口函数。

下面是相应的启动引导程序修改前和修改后的代码：

```
// 修改前，通过转移语句来实现进入 main() 函数
move    a0, msize           // 设置 a0 寄存器的值为 RAM 的大小 msize
srl     a0, 20              //a0 寄存器的值右移 20 位，目的是将单位转换为 MB
la      v0, main            // 将 main() 函数的地址加载到 v0 寄存器中
```

```
jalr    v0                      // 子程序转移指令，即调用 v0 寄存器所指的函数
nop
// 修改后，通过转移语句来实现进入 entry() 函数
move    a0, msize               // 设置 a0 寄存器的值为 RAM 的大小 msize
srl     a0, 20                  //a0 寄存器的值右移 20 位，目的是将单位转换为 MB
la      v0, entry               // 将 entry() 函数的地址加载到 v0 寄存器中
jalr    v0                      // 子程序转移指令，即调用 v0 寄存器所指的函数
nop
```

再例如，若使用 stm32 系列芯片，采用 GCC 编译器，应用程序基于 RT-Thread 操作系统开发，那么启动引导程序修改前和修改后的代码如下：

```
// 修改前，通过带链接的分支语句来实现进入 main() 函数
bl SystemInit
bl main
// 修改后，通过带链接的分支语句来实现进入 main() 函数
bl SystemInit
bl entry
```

当进入 rtthread_startup() 函数后，开始 RT-Thread 操作系统的加载，其流程如图 6-8 所示。

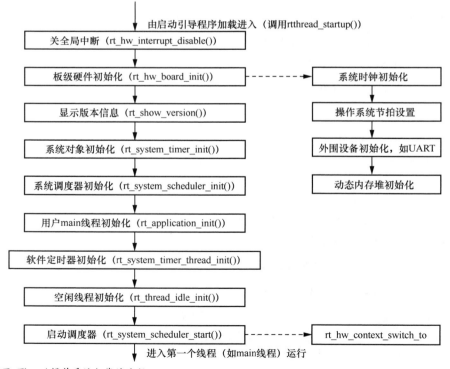

图 6-8　RT-Thread 操作系统加载的流程

2. libcpu 目录下的文件移植

libcpu 目录下的文件是与微处理器架构有关的代码文件，它们向上给内核其他功能模块提供一个统一的接口函数，称为 libcpu 抽象层。通过 libcpu 抽象层来适配不同的微处理器架构，使得 RT-Thread 能够运行在不同架构的微处理器上。libcpu 抽象层通常包括全局中断开关函数、线程上下文切换函数、时钟节拍配置和中断函数等。移植时需要根据微处理器架构的不同特征，来修改 libcpu 抽象层的函数内部代码。libcpu 抽象层的主要函数如表 6-3 所示。

表 6-3　libcpu 抽象层的主要函数

函数名称	说明
rt_base_t rt_hw_interrupt_disable (void)	关闭全局中断
void rt_hw_interrupt_enable (rt_base_t level)	打开全局中断
void rt_hw_context_switch_to (rt_uint32 to)	没有来源线程的上下文切换，在调度器启动第一个线程的时候调用，以及在 signal 里面调用
void rt_hw_context_switch (rt_uint32 from, rt_uint32 to)	从 from 线程切换到 to 线程，用于线程之间的切换
void rt_hw_context_switch_interrupt (rt_uint32 from, rt_uint32 to)	从 from 线程切换到 to 线程，在中断里面进行切换时使用
rt_uint8_t rt_hw_stack_init (void *tentry, void *parameter, rt_uint8_t *stack_addr, void *texit)	线程栈的初始化，内核在线程创建和线程初始化时会调用这个函数

表 6-3 列出了 libcpu 抽象层的主要函数，下面以 stm32 系列微处理器架构为例，来说明 rt_hw_interrupt_disable()、rt_hw_interrupt_enable()、rt_hw_context_switch_to() 等函数的实现代码。

```
// rt_hw_interrupt_disable() 函数的实现代码，用汇编语言设计
// 用 PROC 指示符定义函数 rt_hw_interrupt_disable()
rt_hw_interrupt_disable      PROC
// 指示符 EXPORT 说明输出 rt_hw_interrupt_disable
EXPORT   rt_hw_interrupt_disable
MRS      r0, PRIMASK              // 读取 PRIMASK 寄存器的值到 r0 寄存器
CPSID    I                        // 关闭全局中断
BX       LR                       // 函数返回
ENDP                              // 函数结束

// rt_hw_interrupt_enable() 函数的实现代码，r0 中有 rt_base_t level 参数值，即开中断
// 用 PROC 指示符定义函数 rt_hw_interrupt_enable()
rt_hw_interrupt_enable      PROC
// 指示符 EXPORT 说明输出 rt_hw_interrupt_enable
EXPORT   rt_hw_interrupt_enable
```

```
MSR        PRIMASK, r0                    // 将 r0 寄存器的值写入 PRIMASK 寄存器
BX         LR                             // 函数返回
ENDP                                      // 函数结束


/* rt_hw_context_switch_to () 函数的实现代码
r0 的值是一个指针，该指针指向 to 线程的线程控制块的 SP 成员 */
// 用 PROC 指示符定义函数 rt_hw_context_switch_to()
rt_hw_context_switch_to        PROC
// 指示符 EXPORT 说明输出 rt_hw_context_switch_to
EXPORT    rt_hw_context_switch_to
LDR       r1, =rt_interrupt_to_thread
STR       r0, [r1]                  // 将 r0 寄存器的值保存到 rt_interrupt_to_thread 变量里
// 下面设置 from 线程为空，表示不需要保存 from 线程的上下文
LDR       r1, =rt_interrupt_from_thread
MOV       r0, #0x0
STR       r0, [r1]
// 设置标志为 1，表示需要切换，这个变量将在 PendSV 异常处理函数切换的时候被清零
LDR       r1, =rt_thread_switch_interrupt_flag
MOV       r0, #1
STR       r0, [r1]
// 设置 PendSV 异常优先级为最低优先级
LDR       r0, =NVIC_SYSPRI2
LDR       r1, =NVIC_PENDSV_PRI
LDR.W     r2, [r0, #0x00]
ORR       r1, r1, r2
STR       r1, [r0]
// 触发 PendSV 异常（将执行 PendSV 异常处理程序）
LDR       r0, =NVIC_INT_CTRL
LDR       r1, =NVIC_PENDSVSET
STR       r1, [r0]
// 放弃芯片启动到第一次上下文切换之前的栈内容，将 MSP 设置启动时的值
LDR       r0, =SCB_VTOR
LDR       r0, [r0]
LDR       r0, [r0]
MSR       msp, r0
// 使能全局中断和全局异常，使能之后将进入 PendSV 异常处理函数
CPSIE     F
CPSIE     I
```

```
ENDP
```

给出上面 3 个函数的实现代码，主要是为了说明 libcpu 抽象层中的函数是与微处理器的具体架构密切相关的，其具体代码需要根据微处理器的架构特征来编写。不同架构的微处理器，其函数的实现代码是不一样的。而根据不同架构的微处理器来编写这些函数的代码，就是操作系统移植中的重要工作。

3. BSP 目录下的文件移植

BSP 目录下的文件与目标系统板级硬件细节有关，即使目标系统所用的微处理器架构相同，由于板级硬件设计的不同，其 BSP 目录下的文件内容也会不同。可通过 BSP 抽象层来适配不同的硬件板子，使得 RT-Thread 能够运行在不同的硬件板子上。

BSP 抽象层的移植工作主要是修改 BSP 目录下的 board.c 文件和 rtconfig.h 文件，特别是 board.c 文件中的 rt_hw_board_init() 函数。该函数针对板级硬件的特征，完成了许多操作系统启动前的硬件初始化工作，主要包括：

● 配置系统时钟，设定 RAM 的工作时序；

● 实现系统时钟节拍；

● 初始化必要的外围设备，如 UART 接口；

● 初始化系统内存堆，实现动态堆内存管理；

● 根据需要进行其他板级硬件初始化，如 MMU 配置等。

rt_hw_board_init() 函数的实现架构如下。在该函数架构中，配置系统时钟给系统各模块提供一个工作时钟的基础，其函数名可以自行确定，如 SystemClock_ Config()、SystemCoreClockUpdate()，也可用 rt_hw_clock_init() 作为函数名。实现系统时钟节拍可采用系统的 Timer（定时器）部件，在 Timer 部件中断例程中实现全局变量 rt_tick 自动增加，从而实现时钟节拍。

```
void rt_hw_board_init(void){
    // 第 1 部分，系统初始化、配置系统时钟等
    HAL_init();                        // 该函数视情况而定，初始化一些其他系统硬件
    SystemClock_Config();              // 配置系统时钟
    SystemCoreClockUpdate();           // 更新系统时钟频率
    // 第 2 部分，实现系统时钟节拍。宏 RT_TICK_PER_SECOND 代表时钟节拍长度
    _SysTick_Config(SystemCoreClock / RT_TICK_PER_SECOND);
    // 或者若采用 Timer 部件，则用函数 rt_hw_timer_init()
    // 第 3 部分，初始化外围设备
    uart_init();                       // 视情况而定
    // 第 4 部分，初始化系统内存堆。默认情况下，不开启动态内存堆功能
#if defined(RT_USING_USER_MAIN) && defined(RT_USING_HEAP)
```

```
    rt_system_heap_init(rt_heap_begin_get(), rt_heap_end_get());
#endif
    // 第 5 部分，其他板级硬件初始化
    rt_components_board_init();    // 视情况而定
}
```

若使用 RT-Thread 中断管理的微处理器架构，中断服务例程需要通过 rt_hw_ interrupt() 进行加载。那么，采用系统 Timer 部件在实现系统时钟节拍时，其相应的初始化函数 rt_hw_timer_init() 可自行设计，但函数中需要有加载中断服务例程的语句，具体如下。

```
int rt_hw_timer_init(void){
    ......                    // 省略了其他语句
    // 加载中断服务例程，并使相应中断屏蔽位处于非屏蔽状态
    rt_hw_interrupt_install(IRQ_PBA8_TIMER2_3, rt_hw_timer_isr, RT_NULL, "tick");
    rt_hw_interrupt_umask(IRQ_PBA8_TIMER2_3);
}
// 中断服务例程 rt_hw_timer_isr() 的架构
static void rt_hw_timer_isr(int vector, void *param){
    rt_interrupt_enter();
    rt_tick_increase();                      // 实现全局变量 rt_tick 自动增加
    rt_interrupt_leave();
}
```

6.3 RT-Thread 的驱动编程

驱动程序又称为设备驱动（Device Driver）程序，通常指的是硬件接口部件或外围设备的读 / 写控制程序，它是其他程序（包括操作系统及用户应用程序）对硬件接口部件进行操作的一个软件接口。换句话说，就是在硬件接口部件之上建立一层抽象，用户应用程序的开发者将把设备驱动程序提供的函数看作硬件模块，对这些驱动函数进行调用，以实现操作硬件接口部件的功能。设备驱动程序是操作系统的核心功能之一。不同的操作系统，其设备驱动程序的设计架构有所不同，但设备驱动程序的核心代码还是具有共性的，即对硬件接口部件中寄存器的读 / 写操作代码。通常常规的硬件接口部件，如 LCD、网络接口部件、键盘等，其设备驱动程序已经包含在操作系统内核中。而用户自己扩展的硬件接口部件，则需要用户自己设计其设备驱动程序，然后挂载到操作系统上。因此，了解设备驱动程序的设计、开发方法，对构建嵌入式系统软件平台是非常关键的。本节主要介绍 RT-Thread 操作系统下的设备驱动程序架构及几种具体接口的设备驱动程序。

6.3.1　设备驱动程序原理

所有操作系统下设备驱动程序的共同目标是屏蔽具体物理设备的操作细节，实现设备硬件细节的无关性。在嵌入式操作系统中，设备驱动程序通常是内核的重要部分，即设备驱动程序为内核提供了一个硬件设备的抽象接口，用户使用这个接口实现对设备的操作。图 6-9 展示了一个操作系统的输入和输出子系统中的抽象层次。

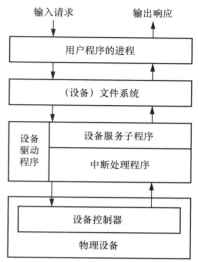

图 6-9　一个操作系统的输入和输出子系统中的抽象层次

在嵌入式系统中，大多数物理设备有自己的硬件控制器，用于对设备的开启、停止、初始化和诊断等，比如键盘、串口有 I/O 控制芯片，SCSI（Small Computer System Interface，小型计算机系统接口）有 SCSI 控制芯片等。操作系统的设备驱动程序将控制和管理这些物理设备的设备控制器，同时为用户应用提供统一的、与设备无关的软件调用服务，实现设备无关性。

设备驱动程序通常包含中断处理程序和设备服务子程序两部分。一方面，设备服务子程序包含所有与设备操作相关的处理代码，它从面向用户进程的设备文件系统中接收用户命令并对设备控制器进行操作。这样设备驱动程序可屏蔽设备的特殊性，使用户可以像操作文件一样操作设备。另一方面，设备控制器需要获得系统服务时有两种方式：查询和中断。在查询方式下，由系统控制设备驱动程序以固定的时间间隔向设备控制器读取设备的状态信息，以采取相应的操作。正是因为设备驱动程序是内核的一部分，在设备查询期间系统不能运行其他代码，所以查询方式的工作效率比较低，只有少数设备采取这种方式。大多数设备以中断方式向设备驱动程序发出输入和输出请求，如图 6-9 所示，由中断处理程序进行判断处理，同时将操作结果返回上层系统。

设备驱动程序可以使用操作系统的标准内核服务，比如内存分配、中断发送和等待队列。通过这样的层次划分，操作系统下的设备驱动程序对用户进程屏蔽了设备的特性，使用户程序可以像操作文件一样操作系统，从而完成以下功能：

● 设备初始化；

● 开启和关闭设备服务；

● 实现数据在内核与设备之间的双向传输；

● 检测并处理设备故障错误。

6.3.2　驱动编程的任务

设备驱动程序的开发同时需要硬件知识和软件知识，是极具挑战的工作。大多数设备驱动程序是在内核模式（Kernel Mode，又可称内核态）下运行的，而大多数应用程序是在用户模式（User Mode，又可称用户态）下运行的。

什么叫内核模式，什么叫用户模式呢？工作模式的划分主要是为了系统运行的安全和稳定，以防止不同安全级别的代码相互影响。内核模式是指程序代码运行于较高级别的工作模式（如系统模式），通常操作系统的内核就运行在高级别的工作模式下。而用户模式，顾名思义，指的是用户程序运行的工作模式，其模式级别相对较低。

工作模式级别高，通常意味着在该模式下，能访问微处理器的硬件寄存器的权限高。但是这也带来了风险和难度，即调试内核模式下的程序比调试用户模式下的程序更困难，并且将面临随时毁坏操作系统的风险。

在开发设备驱动程序时，通常采用汇编语言或 C 语言。设备驱动程序的开发任务包括以下一些工作。

● 对设备驱动程序所涉及的部件或设备的控制芯片，以及所使用的微处理器架构原理进行了解及分析。

● 分析微处理器与控制芯片的接口方式，即采用什么接口总线（是并行总线还是 I²C 总线，或是 SPI 总线等），对所采用的接口总线原理进行了解。

● 分析微处理器与控制芯片的电路原理图，通过电路原理图确定控制芯片的访问地址。若微处理器与控制芯片采用并行总线连接，则控制芯片内部的寄存器会占据一定的地址空间；若微处理器与控制芯片采用 I²C 总线或 SPI 总线等连接，则控制芯片具有总线的唯一站点地址。

● 分析控制芯片内部的各寄存器功能，以及各寄存器的控制字格式，这是编写设备驱动程序非常关键的任务。

● 根据所设计设备驱动程序的功能要求，确定控制芯片内部各寄存器控制字的值，这些值将在相关函数中用语句赋给对应的寄存器。

● 若在无操作系统环境下设计设备驱动程序，则可自行定义设备驱动程序的架构，通常会把设备驱动程序编写成函数。若在某操作系统环境下设计设备驱动程序，则要了解该操作系统的设备驱动程序架构，然后在该架构下编写驱动代码。

● 编写需要的设备驱动程序函数，通常包括设备初始化函数、设备的读函数和设备的写函数等。

6.3.3　RT-Thread 驱动的架构

RT-Thread 操作系统分为标准版和 Nano 版，标准版 RT-Thread 包含设备驱动框架，而 Nano 版 RT-Thread 不包含设备驱动框架。标准版 RT-Thread 的设备驱动框架如图 6-10 所示。

从图 6-10 中可以看到，标准版 RT-Thread 的设备驱动框架中，在应用程序和硬件接口或部件之间有 3 层：设备管理层、设备驱动框架层、设备驱动层。

设备管理层实现对底层设备驱动程序的封装，是应用程序访问底层设备的标准接口。这样做可以降低应用程序与底层设备的耦合度，使得底层设备的读 / 写访问等操作代码能够独立于应用程序而存在，从而当底层设备升级或更替时不会对应用程序产生影响。

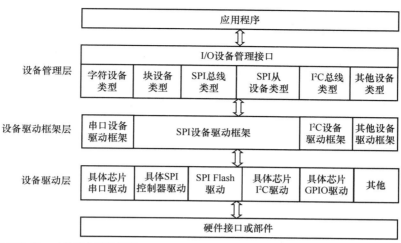

图 6-10　标准版 RT-Thread 的设备驱动框架

设备驱动框架层是对同类硬件设备的驱动进行抽象，即将不同厂家的同类硬件设备驱动中相同的部分抽取出来，将不同的部分留出接口，由其下一层（设备驱动层）实现。

设备驱动层是一组最接近硬件的、能够具体操控硬件设备功能的程序，它负责创建和注册 I/O 设备、完成具体的硬件读 / 写操作。设备的创建和注册过程有两种情况。一种是操作逻辑简单的 I/O 设备，可以不经过设备驱动框架层，直接将设备注册到设备管理器中，其注册序列如图 6-11 所示。另一种是操作逻辑相对复杂的 I/O 设备（如看门狗部件），需要将设备先注册到对应的设备驱动框架层中，再由设备驱动框架层将设备注册到 I/O 设备管理器中。看门狗设备注册序列如图 6-12 所示。

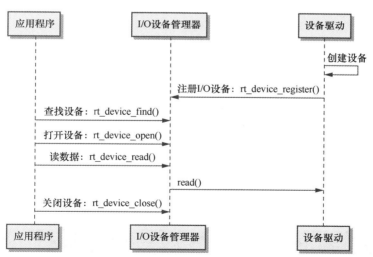

图 6-11　操作逻辑简单的 I/O 设备注册序列

在设备驱动层动态创建设备实例时，用下面的函数创建。参数 type 表示设备类型（设备类型可以是字符设备 RT_Device_Class_Char、块设备 RT_Device_Class_Block 等），参数 attach_size 表示需要的数据区大小。若创建设备成功，则函数返回值是设备的句柄；若创建设备失败，则函数返回值是 RT_NULL。

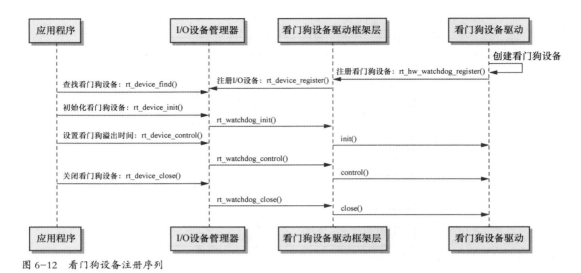

图 6-12　看门狗设备注册序列

```
    rt_device_t rt_device_create(int type, int attach_size); // 创建设备
```

设备创建成功后，还需要实现对硬件设备进行访问的方法。这些方法在结构体 rt_device_ops 中定义，其定义如下：

```
struct rt_device_ops {
    rt_err_t (*init) (rt_device_t dev);
    rt_err_t (*open) (rt_device_t dev, rt_uint16_t oflag);
    rt_err_t (*close) (rt_device_t dev);
    rt_err_t (*read) (rt_device_t dev, rt_off_t pos, void *buffer,
                rt_size_t size);
    rt_err_t (*write) (rt_device_t dev, rt_off_t pos, const void *buffer,
                rt_size_t size);
    rt_err_t (*control) (rt_device_t dev, int cmd, void args);
};
```

结构体 rt_device_ops 中的方法及其对应的操作如表 6-4 所示。

表 6-4　结构体 rt_device_ops 中的方法及其对应的操作

方法名称	方法的操作
init	设备初始化。初始化后，设备控制块的标志会被置成激活状态（即 flag = RT_DEVICE_FLAG_ACTIVATED）
open	打开设备。通常设备不能在系统启动时就打开，建议在写底层驱动时，通过调用 open() 方法打开（使能）设备
close	关闭设备。当设备打开时，设备控制块会维护一个计数器进行加 1 操作；当设备关闭时，计数器进行减 1 操作。当计数器值为 0 时，才会真正地进行设备关闭操作

方法名称	方法的操作
read	读设备的数据。参数 pos 读取数据的偏移量，若有设备不需要偏移量，如串口设备，那么忽略该参数
write	向设备写入数据。参数 pos 是写入数据的偏移量，与读操作类似
control	向设备写入控制命令。参数 cmd 代表命令码

当动态创建的设备不再需要使用时，用下面的函数来销毁。其参数 device 表示设备句柄，无返回值。

```
void rt_device_destroy(rt_device_t device);          // 销毁已创建的设备
```

设备被创建后，需要用下面的函数注册到 I/O 设备管理器中，应用程序才能访问该设备。函数中的参数 dev 表示设备句柄，参数 name 表示设备名称，参数 flags 表示设备模式标志（如 0x001 表示设备是只读模式、0x002 表示设备是只写模式、0x003 表示设备是可读可写模式等）。若设备注册成功，则函数返回值是 RT_EOK；若设备注册失败，则函数返回值是 RT_ERROR。

```
rt_err_t rt_device_register(rt_device_t dev, const char *name,
                            rt_uint32_t flags); // 注册设备
```

设备注册成功后，可以在 FinSH 命令行使用 list_device 命令查看系统中所有注册的设备信息，包括设备名称、设备类型、设备打开次数等。

用下面的函数可以将注册成功的设备注销，注销的设备将从 I/O 设备管理器中移除，也就不可能再通过 FinSH 命令行使用 list_device 命令查看到。但注销设备不会释放控制块占用的内存区域。函数中的参数 dev 表示设备句柄，函数返回值是 RT_EOK。

```
rt_err_t rt_device_unregister(rt_device_t dev);          // 注销设备
```

总体来说，应用程序通过 I/O 设备管理器接口的相应函数，如 re_device_open()、re_device_read 等，映射到设备驱动层的 I/O 操作方法，实现访问硬件设备。

6.3.4　RT-Thread 驱动编程示例

示例 6-1：将看门狗部件注册到 I/O 设备管理器中。其具体代码编写如下。

```
const static struct rt_device_ops wdt_ops = {
    rt_watchdog_init,
    rt_watchdog_open,
    rt_watchdog_close,
    RT_NULL,
    RT_NULL,
```

```
            rt_watchdog_control,
    };

    rt_err_t rt_hw_watchdog_register (struct rt_watchdog_device *wtd,
                                      const char *name,
                                      rt_uint32_t flag,
                                      void *data)
    {
        struct rt_device *device;
        RT_ASSERT (wtd != RT_NULL);
        device = &(wtd -> parent);
        device -> type = RT_Device_Class_Miscellaneous;
        device -> rx_indicate = RT_NULL;
        device -> rx_complete = RT_NULL;
        device -> ops = &wdt_ops;
        device -> user_data = data;

        return rt_device_register (device, name, flag);          // 注册设备
    }
```

示例 6-2：应用程序通过 I/O 设备管理器访问看门狗部件。其具体代码编写如下。

```
    #include <rtthread.h>
    #include <rtdevice.h>
    #define IWDG_DEVICE_NAME              "iwg"
    static rt_device_t wdg_dev;

    static void idle_hook (void){
            // 设置看门狗溢出时间，俗称"喂狗"
            rt_device_control (wdg_dev, RT_DEVICE_CTRL_WDT_KEEPALIVE, NULL);
            rt_kprintf ("feed the dog!\n");
    }

    int main(void){
        rt_err_t res = RT_EOK;
        rt_uint32_t timeout = 1000;                 // 溢出时间，单位为 μs
        // 根据设备名称查找看门狗部件，获取设备句柄
        wdg_dev = rt_device_find (IWDG_DEVICE_NAME);
        if (!wdg_dev){
```

```
            rt_kprintf ("find %s failed!\n", IWDG_DEVICE_NAME);
            return RT_ERROR;
    }
    // 初始化设备
    res = rt_device_init(wdg_dev);
    if (res != RT_EOK){
            rt_kprintf ("initialize %s failed!\n", IWDG_DEVICE_NAME);
            return res;
    }
    // 设置看门狗溢出时间
    res = rt_device_control (wdg_dev, RT_DEVICE_CTRL_WDT_TIMEOUT, &timeout);
    if (res != RT_EOK){
            rt_kprintf ("set %s timeout failed!\n", IWDG_DEVICE_NAME);
            return res;
    }
    // 设置空闲线程回调函数
    rt_thread_idle_sethook(idle_hook);
    return res;
}
```

第 07 章

综合示例

本书前面几章详细介绍了基于龙芯 1B 芯片的嵌入式系统设计所涉及的基本知识。本章将从嵌入式系统整体设计的角度，讨论如何根据嵌入式系统的设计要求，按照 1.3 节介绍的方法，一步一步地将设计目标变为实际系统。本章所选择的示例是一个用于 6 轴机械臂控制的信号转换装置，该装置可以应用在企业自动化生产线、自动抄表系统等工业控制或物联网应用领域。虽然此示例的功能需求比较简单，但作为一个完整的系统，可以很好地帮助初学者了解嵌入式系统整体设计方法。

7.1 示例的需求描述

嵌入式系统设计的第一个步骤就是将用户需求用规格说明等方式进行尽可能精确的描述，以减少对设计要求理解上的歧义。

7.1.1 系统需求

本示例要求设计一个用于 6 轴机械臂控制的信号转换器，其基本功能是很容易理解和易于说明的。图 7-1 是所需设计的信号转换器的作用示意图。

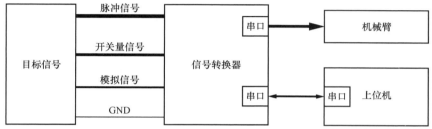

图 7-1 信号转换器的作用示意图

图 7-1 所示的信号转换器，用于控制一种具有串口的 6 轴机械臂的动作，串口通信时需要按照一定的协议要求进行信息传输。该信号转换器具有两种工作模式，一种是本地控制模式，另一种是远程控制模式。本地控制模式下，要求把 6 路脉冲信号和 6 路开关量信号分别配成 6 组，由信号转换器转换为控制 6 轴机械臂的命令，再通过串口发送给该机械臂，用于控制机械臂 6 个轴的动作；远程控制模式下，要求把上位机通过另一串口发来的控制命令转换成控制 6 轴机械臂的控制命令，再通过串口发送给机械臂（实际所设计的信号转换器有 4 种工作模式，但为了介绍方便且又不失完整性，在本章中只介绍两种工作模式的设计）。

根据上面对信号转换器功能要求的文字说明，我们需要从设计者的角度确定系统的具体需求，形成如表 7-1 所示的系统需求表。该系统需求表要尽量精确、简洁，不要使用不明确和易引起歧义的文字。

表 7-1 系统需求表

项目	说明
名称	信号转换器
目的	将脉冲信号、开关量信号转换为控制 6 轴机械臂的串口命令，以及将上位机的控制命令转换为控制 6 轴机械臂的串口命令
输入	1 个拨码开关：工作模式设置。 6 路脉冲信号：上升沿和下降沿均需产生中断请求，对应 6 个轴的转速。 6 路开关量信号：对应 6 个轴的转动方向。 注：6 路脉冲信号需要与 6 路开关量信号配对使用，形成 6 组信号
输出	2 路开关量：工作模式指示灯

续表

项目	说明
通信	2 路 RS-232 串口：一路与机械臂连接，另一路与上位机连接
功能	拨码开关拨到 1 时为本地控制模式，拨到 0 时为远程控制模式。 **本地控制模式：** 分别检测 6 路开关量信号是否为 0。若为 0，对应的轴顺时针转动；若为 1，对应的轴逆时针转动。 分别检测 6 路脉冲信号的脉冲宽度，根据脉冲宽度值来确定对应轴的转速（分为 4 挡）。 1 路开关量信号和 1 路脉冲信号配对成一组，根据检测到的某组脉冲信号脉冲宽度、开关量信号值，转换成对应该组信号的机械臂控制命令，通过串口发送给机械臂，以便控制机械臂相应轴的动作。转换时，需要按命令协议格式转换。 **远程控制模式：** 串口接收上位机的控制命令，然后按命令格式要求转换为机械臂的控制命令，再通过另一串口发送
性能	脉冲宽度的检测范围是 100~1000ms，通信速率为 115200bit/s
生产成本	用户能接受的范围（应根据实际用户情况确定一个具体的金额范围）
功耗	交流电，标准电源（若是电池供电，需明确功耗的需求）
尺寸和质量	根据实际用户情况确定

7.1.2　规格说明

　　根据系统需求表，我们可以看出用于 6 轴机械臂控制的信号转换器的基本功能是很简单的，但我们仍需要用一些类和行为来阐明用户接口是如何工作的，这样做是为了后续的系统设计有一个顶层的总体结构。我们可以用图 7-2 所示的类图来抽象地描述信号转换器的总体结构。

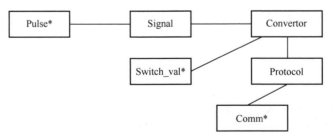

图 7-2　信号转换器的类图

　　在图 7-2 中，我们把信号转换器的主体操作类叫作 Convertor 类。我们用 3 个类来代表系统中的 3 种基本类：Pulse* 类代表所有的脉冲信号采集接口，Switch_val* 类代表所有开关量信号采集（包括工作模式设置的拨码开关）接口，Comm* 类代表通信信号接口。Convertor 类能直接使用 Switch_val* 类。因为脉冲信号的周期等参数无法直接获取（如需要根据上升沿和下降沿中断来获取），所以引入 Signal 类来抽象脉冲信号，Convertor 类通过 Signal 类来获取脉冲信号的周期或频率参数。另外，因为通信需要采用协议来进行，所以引入 Protocol 类来抽象通信信号协议，

Convertor 类通过 Protocol 类来进行按协议的通信工作。

图 7-3 描述了信号转换器底层类的细节。Comm* 类使通信接口完成一个字符（或一个字节）的发送和接收，我们用 UART 接口来完成通信功能；Switch_val * 类提供了对开关量当前状态的只读访问；Pulse* 类允许完成脉冲信号采集接口的设置。我们通过采用脉冲的上升沿和下降沿各产生一次中断，然后确定两次中断产生的间隔时间，计算出脉冲信号的周期或频率，这个功能是由 Signal 类实现的。协议的通信功能由 Protocol 类实现。

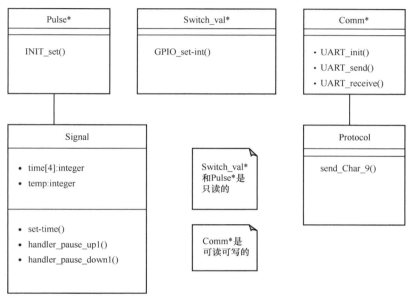

图 7-3　信号转换器底层类的细节

图 7-4 描述了 Convertor 类的细节。此信号转换器没有显示装置，只根据检测到的脉冲信号及其对应的开关量信号，或者一个 UART 串口传送的通信信号，转换为相应的通信命令，通过另一个 UART 串口发送。这个类有 3 个行为——scan-mode、local-control、remote-control，均循环连续运行（周期运行）。第一个行为是 scan-mode，负责查看工作模式开关量的输入，并按用户的模式要求进行信号的采集；第二个行为是 local-control，负责采集开关量信号、脉冲信号，并对它们进行信号转换；第三个行为是 remote-control，负责采集一个串行通信的接口信号，并进行信号转换。

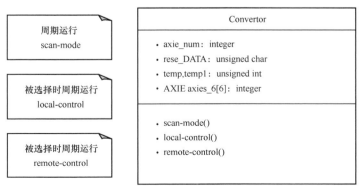

图 7-4　Convertor 类的细节

scan-mode 的状态图如图 7-5 所示。周期性、循环地调用该功能，以便及时地使功能模式拨码开关的拨动被系统捕获。在获取模式按键活动时，由于按键存在抖动，每秒会被扫描几次，因此我们必须防止把同一按键的按下状态存储了多次。

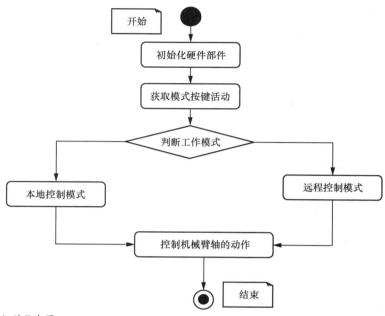

图 7-5　scan-mode 的状态图

为了使模式按键响应更加合理，需要利用一定的规则来计算按键活动。通常采用延时消除抖动，并将模式按键当前获得的按下状态与上次扫描的按键值做比较，仅当按键在这两次扫描时活动按键值不同，才认为按键被激活。

图 7-6 所示是 local-control 的状态图。这个行为需要采集开关量信号、脉冲信号，并按照分组将它们组合成对应机械臂轴的控制信号。开关量信号用来判断机械臂轴的转动方向，即按顺时针方向转还是按逆时针方向转。脉冲信号的参数采集要复杂些，需要通过中断及定时器计数的方式来计算出脉冲宽度，然后计算出机械臂轴的转速。在该行为中，还需要将开关量信号和脉冲信号配对使用，然后根据当前采集到的开关量值和脉冲信号参数值，将其转换成具有一定协议格式

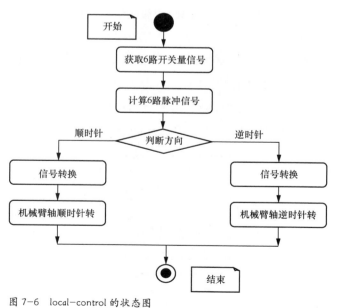

图 7-6　local-control 的状态图

的通信命令，最后通过串口发送给机械臂以控制其轴顺时针转或者逆时针转。

remote-control 行为的过程比较简单，在此没有给出其状态图。

7.2　示例系统体系结构设计

嵌入式系统设计的第二个步骤是系统体系结构设计。系统体系结构设计的目的是描述系统如何实现功能，它是系统整体结构的一个规划，需要完成软件、硬件的功能划分，以及确定软件、硬件的组成。

7.2.1　软件结构

以龙芯 1B 芯片为核心来设计嵌入式系统时，通常很难把系统的软件和硬件完全分开，因此系统设计时应先考虑系统软件的结构，然后考虑它的硬件实现。

信号转换器的软件组件中，有周期性的组件和非周期性的组件。周期性的组件是指需反复在固定时间内执行完成的软件任务模块，如脉冲信号的参数采集，它需要根据脉冲信号的频率周期性地采集。而工作模式拨码开关信息的获取就是非周期性的，因为工作模式拨码开关动作是随机发生的。该信号转换器应设计以下两个主要软件功能模块。

（1）中断驱动例程。脉冲上升沿和下降沿均产生中断，进入中断例程。上升沿中断例程中需要设定好定时器的计数常量，并启动一个定时器。下降沿中断例程中需要读取计数值，并计算出脉冲信号的宽度。

（2）前台程序。前台程序作为系统的主程序，完成工作模式拨码开关信息获取工作，并采集开关量信号，以及组合开关量信号和脉冲信号，并按一定协议格式转换为串口命令。因为工作模式拨码开关动作是相对比较慢的，增加连接到拨码开关中断所需的硬件是没有意义的。相反，前台程序读取工作模式拨码开关信息，然后用简单的条件测试来执行相关功能。

前台程序代码的实现是基于无操作系统环境的，我们可以采用一个大循环结构。具体可以采用 for 循环或者 while 循环来实现，其结构如下：

```
for(; ;){
        // 获取工作模式拨码开关信息
        // 如果是本地控制模式，则完成下面任务
            // 获取开关量信号
            // 开中断，获取脉冲参数
            // 信号转换
            // 发送机械臂控制命令
        // 如果是远程控制模式，则完成下面任务
            // 获取串口信号
            // 信号转换
            // 发送机械臂控制命令
    }
或者
```

```
while(1){
        // 获取工作模式拨码开关信息
        // 如果是本地控制模式，则完成下面任务
                // 获取开关量信号
                // 开中断，获取脉冲参数
                // 信号转换
                // 发送机械臂控制命令
        // 如果是远程控制模式，则完成下面任务
                // 获取串口信号
                // 信号转换
                // 发送机械臂控制命令
}
```

该循环先获取工作模式拨码开关信息，然后根据工作模式信息选择相应的任务。获取脉冲参数时，主要获取脉冲宽度。获取脉冲宽度的方法可为采用脉冲上升沿和下降沿各产生一次中断，然后记录两次中断的间隔时间，如图 7-7 所示。计数在脉冲上升沿开始、在下降沿停止，这时读取的计数值即脉冲宽度。

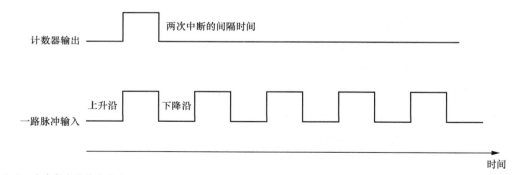

图 7-7 脉冲宽度的获取方法

从上面的软件结构设计中，我们可以得出以下结论。

（1）工作模式拨码开关和其他的开关量信号连接到微处理器的 I/O 端口信号线上，采用查询方式控制。

（2）脉冲信号作为中断请求信号，以边沿触发方式触发中断。一路脉冲信号连接两个中断请求信号。

（3）每一路脉冲信号相应的中断需要一个定时器，在上升沿中断中启动计数器，在下降沿中断中停止计数器。

（4）需要两个串行通信接口。信号转换后的命令，通过其中一路串口发送给机械臂。另一路串口用于远程客户端（上位机）进行远程控制。

7.2.2 硬件结构

通过前面信号转换器软件结构的初步设计，我们就能确定其基本硬件的组成。本示例中，信号转换器所需的硬件组成部件有微处理器（作为系统的核心）、存储器（包括程序存储区和数据存储区）、通信串口、中断部件、定时部件、GPIO接口等，以及其他辅助电路（如晶振电路、复位电路、调试接口、电源电路等）。

信号转换器的硬件结构如图7-8所示。微处理器作为信号转换器的核心，完成所有程序代码的执行；存储器应包含ROM和RAM，ROM用于存储程序代码以及常数等，RAM主要用作缓冲区；中断部件用于控制中断请求，以及中断服务例程的入口，脉冲信号接口接收作为中断请求信号的脉冲信号；定时器用于计数，获取上升沿中断和下降沿中断的间隔时间；拨码I/O端口用于连接设置工作模式的拨码开关，也作为开关量使用；开关量接口用于接收机械臂转动的方向信号，作为输入；串口有两个，分别连接机械臂和上位机。

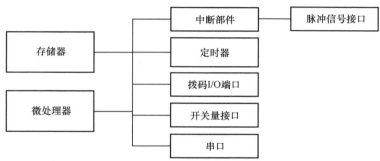

图7-8 信号转换器的硬件结构

7.3 示例系统构件设计

嵌入式系统设计的第三个步骤是完成系统的构件设计。所谓构件设计，就是选择或制作符合体系结构设计要求的硬件模块（如功能芯片、电路板等），以及软件功能模块，这一步是对系统体系结构设计中所设计结构的具体实现。

7.3.1 硬件构件设计

在1.3.3小节中已经介绍了构件设计阶段完成的工作任务，主要是确定体系结构设计中需要的构件，包括确定需要什么样的硬件芯片、详细设计电路板，并且详细设计软件功能函数等。构件设计时，通常可以选择现成的标准构件和专用构件，例如，微处理器芯片、存储器芯片等就是标准构件，RS-232串口通信总线收发器芯片就是专用构件。同样，软件构件也可利用标准软件模块，但大多数是设计者自己编写的软件模块。在系统开发时采用标准软件模块可以节省开发时间。

本示例中，确定硬件构件时，我们选择龙芯1B芯片为系统的核心芯片（这里没有考虑价格等因素，仅从功能能否满足要求方面考虑），并把系统的硬件设计成核心板构件加底板构件的形式。

硬件构件实现时，分别设计核心板 PCB、底板 PCB，然后完成相应的 PCB 制作。其中，核心板
PCB 如图 7-9 所示，其内部包含龙芯 1B 芯片、存储器芯片、时钟电路、复位电路、电源电路等。

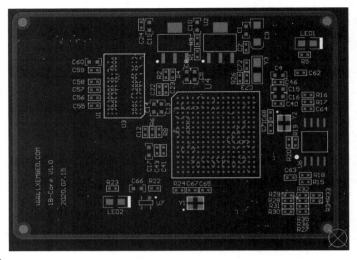

图 7-9　核心板 PCB

在龙芯 1B 芯片内部，包含中断处理部件、定时器部件、UART 部件等硬件电路。在设计脉冲
信号参数采集电路时，只需将脉冲信号上升沿和下降沿作为中断请求信号输入龙芯 1B 芯片即可，
信号输入接口设计在底板上；用于工作模式设置的拨码开关也设计在底板上，作为输入；其他用于
设置机械臂转动方向的开关量也设计为输入；串口设计时，除了需要 UART 部件外，还需要 RS-
232 电平转换电路，而 RS-232 电平转换电路也设计在底板上，图 7-10 所示是本示例中采用的 RS-
232 电平转换电路。

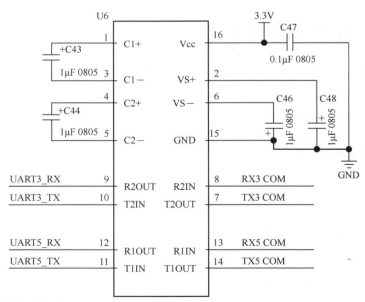

图 7-10　RS-232 电平转换电路

　　系统中的核心板构件和底板构件需要利用信号总线连接起来。示例系统采用图 7-11 所示的接插件方式提供核心板构件和底板构件所需的信号线，这些信号线中除了包含开关量输入信号、脉冲输入信号、串口通信信号等信号线外，还需要包含电源、地等信号线（图 7-11 中还包含示例中未使用的信号线，如 USB+、USB- 等，便于以后功能扩充时使用）。

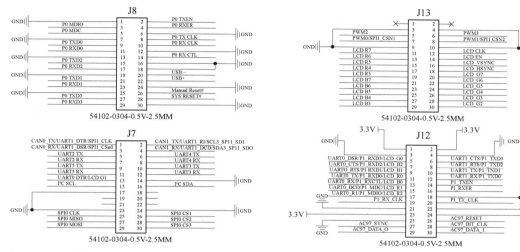

图 7-11　核心板构件和底板构件之间的连接信号

7.3.2　软件构件设计

　　在硬件构件设计的同时，我们可以进行软件构件设计。按照 7.2.1 小节中软件结构的设计，本示例有两个主要的软件功能：中断驱动例程和前台程序。下面对相关软件功能实现时涉及的主要软件构件（即软件功能函数）进行介绍。

1. 中断驱动例程的软件构件

　　在前面软件结构设计中已经介绍过，脉冲信号的参数（即脉冲宽度）采集是通过上升沿和下降沿产生外部中断来计算得到的。因此，在软件构件设计时，需要设计一个完成中断初始化的构件（即中断初始化函数），其具体代码可以设计如下。

```
void INIT_set(int num, int up_down, void (*handler)(int, void *))
{
    if((num >= 0)&& (num <= 30)){
        // 将中断函数地址存入中断列表
        ls1x_install_irq_handler(104 + num, handler, (void*)(num));
        // 设置序号为 num 的 GPIO 引脚为普通 I/O
        GPIOCFG0 |= (1 << num);
        // 设置序号为 num 的 GPIO 引脚为输入
        GPIOOE0 |= (1 << num);
        // 关中断
```

```
                INTIEN2 &= ~(1 << num);                    // 中断使能寄存器
                // 清中断
                INTCLR2 |= (1 << num);                     // 中断清空寄存器
                // 设置中断为边沿触发
                INTEDGE2 |= (1 << num);
                // 设置中断为上升沿 / 下降沿触发
                if(up_down)
                {
                    INTPOL2 |= (1 << num);                 // 上升沿触发
                }
                else
                {
                    INTPOL2 &= ~(1 << num);                // 下降沿触发
                }
                // 开中断
                INTIEN2 |= (1 << num);
        }
    else if((num >= 32) && (num <= 61)){
            // 将中断函数地址存入中断列表
            ls1x_install_irq_handler(104 + num, handler, (void*)(num));
            num = num-32;
            // 设置序号为 num 的 GPIO 引脚为普通 I/O
            GPIOCFG1 |= (1 << num);
            // 设置序号为 num 的 GPIO 引脚为输入
            GPIOOE1 |= (1 << num);
            // 关中断
            INTIEN3 &= ~(1 << num);
            // 清中断
            INTCLR3 |= (1 << num);
            // 设置中断为边沿触发
            INTEDGE3 |= (1 << num);
            // 设置中断为上升沿 / 下降沿触发
            if(up_down)
            {
                INTPOL3 |= (1 << num);                     // 上升沿触发
            }
            else
            {
```

```
            INTPOL3  &= ~(1 << num);                    // 下降沿触发
        }
        // 开中断
        INTIEN3 |= (1 << num);
    }
    }
```

在上述函数中，参数 num 代表 GPIO 引脚序号，当参数 num 的值为 0~30 时，选用的外部中断请求信号线对应的是 GPIO00~GPIO30；当参数 num 的值为 32~61 时，选用的外部中断请求信号线对应的是 GPIO32~GPIO61。参数 up_down 代表上升沿触发中断或者下降沿触发中断，其值为 1 时是上升沿触发中断，其值为 0 时是下降沿触发中断。参数 handler 代表中断服务函数的句柄。

中断服务构件（即中断服务函数）是根据具体应用来设计的，其具体代码可参见 7.4 节中的程序清单，在此不再介绍。

2. 前台程序的软件构件

按照 7.2.1 小节中的软件结构设计，前台程序的总体结构是一个大循环结构，在这个大循环结构中完成工作模式信息采集、信号转换、通信命令发送等任务。前台程序所涉及的软件构件应该包括 GPIO 端口的初始化、UART 端口的初始化、1 字节发送和接收，以及 9 字节发送等构件。下面对 9 字节发送的程序构件进行介绍，其他构件的具体代码可参见 7.4 节中的程序清单。

前文已经提到过，示例中要求信号转换后的命令是按照一定的协议格式通过串口发送给机械臂的，该协议格式在构件详细设计时选用了 MODBUS ASCII 模式协议，其具体协议格式如图 7-12 所示。

前导码 (1字节)	地址 (1字节)	命令1 (1字节)	命令2 (1字节)	命令3 (1字节)	命令4 (1字节)	命令5 (1字节)	命令6 (1字节)	命令7 (1字节)

图 7-12　信号转换后的命令协议格式

图 7-12 所示的命令协议格式一共包含 9 字节。其中，前导码为 1 字节，其值固定为字符 # 的 ASCII，即 0x23；其他字节为地址及各种控制机械臂动作的命令码。因此，构件设计时，设计了一个 9 字节的发送函数，其具体代码如下：

```
void send_Char_9(int com, unsigned char modbus[])
{
    int i;
    char data_ch;
    for(i=0;i<9;i++){
        data_ch=modbus[i];
```

```
                UART_send(com,data_ch);
                delay(100,50,10);
            }
}
```

上述函数中，参数 com 表示串口号。例如，若串口是 com3，则其对应的串口号为 3。参数 modbus[] 是要发送的字符数组，数组元素共 9 个，分别用于保存命令协议格式中的相应字节。

7.4 示例系统集成

嵌入式系统设计的最后步骤是完成系统集成，即最后实现设计目标的实施阶段，这一步中最重要的工作就是对系统总体调试。调试时需要软件和硬件配合进行，既要借助"正确"的软件来测试硬件，也要借助"正确"的硬件来测试软件。由于嵌入式系统开发环境的特殊性，要想准确地定位软件和硬件中出现的错误非常困难，必须借助多种软件和硬件调试工具。调试工具的任务是控制程序代码的执行并使系统中看不见的信息可视化，例如程序的执行流程、CPU 寄存器和存储器内容的状态及其变化等。

7.4.1 系统工程建立

在完成所有构件设计后，需要把所有构件集成在一起，完成软件构件的集成。软件构件集成需要借助集成开发环境。本示例采用 LoongIDE，利用该工具建立了信号转换器的工程项目，如图 7-13 所示。在该工程项目中，把所有的软件构件集成在一起，形成一个完整的程序，然后进行测试和调试。

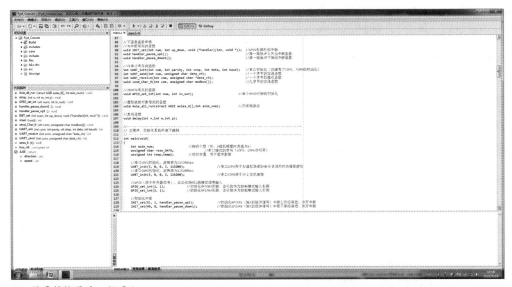

图 7-13　信号转换器的工程项目

本示例的总体程序清单如下。

```c
#include <stdio.h>
#include "ls1b.h"
#include "bsp.h"


// 定义一个结构体，对应机械臂的转动
struct AXIE{
    int direction;          // 转动方向
    int speed;              // 转动速度
};


// 定义变量
static unsigned int bus_clk;
struct AXIE axies_6[6];                 // 一个机械臂轴的数组（结构体类型）

// 定义龙芯 1B 芯片的相关寄存器
//GPIO 的相关寄存器
#define GPIOCFG0 (*(volatile unsigned int *)0xbfd010c0)    //GPIO 配置寄存器 0
#define GPIOOE0 (*(volatile unsigned int *)0xbfd010d0)
#define GPIOCFG1 (*(volatile unsigned char *)0xbfd010c4)   //GPIO 配置寄存器 1
#define GPIOOE1 (*(volatile unsigned char *)0xbfd010d4)
#define GPIOIN0 (*(volatile unsigned int *)0xbfd010e0)//GPIO 端口 0 的输入寄存器
#define GPIOIN1 (*(volatile unsigned int *)0xbfd010e4)//GPIO 端口 1 的输入寄存器
//COM3 的相关寄存器
#define IER3 (*(volatile unsigned char *)0xbfe4c001)
#define FIFO3 (*(volatile unsigned char *)0xbfe4c002)
#define MODEM3 (*(volatile unsigned char *)0xbfe4c004)
#define LCR3 (*(volatile unsigned char *)0xbfe4c003)
#define LSR3 (*(volatile unsigned char *)0xbfe4c005)
#define DIV_LSB3 (*(volatile unsigned char *)0xbfe4c000)
#define DIV_MSB3 (*(volatile unsigned char *)0xbfe4c001)
#define send3(ch) (*(volatile unsigned char *)0xbfe4c000)=(unsigned char)(ch)
#define DATA3 (*(volatile unsigned char *)0xbfe4c000)
//COM5 的相关寄存器
#define IER5 (*(volatile unsigned char *)0xbfe7c001)
#define FIFO5 (*(volatile unsigned char *)0xbfe7c002)
#define MODEM5 (*(volatile unsigned char *)0xbfe7c004)
#define LCR5 (*(volatile unsigned char *)0xbfe7c003)
```

203

```
#define LSR5 (*(volatile unsigned char *)0xbfe7c005)

#define DIV_LSB5 (*(volatile unsigned char *)0xbfe7c000)

#define DIV_MSB5 (*(volatile unsigned char *)0xbfe7c001)

#define send5(ch) (*(volatile unsigned char *)0xbfe7c000)=(unsigned char)(ch)

#define DATA5 (*(volatile unsigned char *)0xbfe7c000)
// 中断 INT2 的相关寄存器
#define INTISR2 (*(volatile unsigned int *)0xbfd01070)              // 只读

#define INTIEN2 (*(volatile unsigned int *)0xbfd01074)

#define INTSET2 (*(volatile unsigned int *)0xbfd01078)

#define INTCLR2 (*(volatile unsigned int *)0xbfd0107c)

#define INTPOL2 (*(volatile unsigned int *)0xbfd01080)

#define INTEDGE2 (*(volatile unsigned int *)0xbfd01084)
// 中断 INT3 的相关寄存器
#define INTISR3 (*(volatile unsigned int *)0xbfd01088)              // 只读

#define INTIEN3 (*(volatile unsigned int *)0xbfd0108c)

#define INTSET3 (*(volatile unsigned int *)0xbfd01090)

#define INTCLR3 (*(volatile unsigned int *)0xbfd01094)

#define INTPOL3 (*(volatile unsigned int *)0xbfd01098)

#define INTEDGE3 (*(volatile unsigned int *)0xbfd0109c)
// 定时器 PWM0 的相关寄存器
#define CNTRPWM0 (*(volatile unsigned int *)0xbfe5c000)

#define HRCPWM0 (*(volatile unsigned int *)0xbfe5c004)

#define LRCPWM0 (*(volatile unsigned int *)0xbfe5c008)

#define CTRLPWM0 (*(volatile unsigned int *)0xbfe5c00C)
// 定时器 PWM1 的相关寄存器
#define CNTRPWM1 (*(volatile unsigned int *)0xbfe5c010)

#define HRCPWM1 (*(volatile unsigned int *)0xbfe5c014)

#define LRCPWM1 (*(volatile unsigned int *)0xbfe5c018)

#define CTRLPWM1 (*(volatile unsigned int *)0xbfe5c01C)
// 定时器 PWM2 的相关寄存器
#define CNTRPWM2 (*(volatile unsigned int *)0xbfe5c020)

#define HRCPWM2 (*(volatile unsigned int *)0xbfe5c024)

#define LRCPWM2 (*(volatile unsigned int *)0xbfe5c028)

#define CTRLPWM2 (*(volatile unsigned int *)0xbfe5c02C)
/ 定时器 PWM3 的相关寄存器
#define CNTRPWM3 (*(volatile unsigned int *)0xbfe5c030)

#define HRCPWM3 (*(volatile unsigned int *)0xbfe5c034)

#define LRCPWM3 (*(volatile unsigned int *)0xbfe5c038)
```

```
#define CTRLPWM3 (*(volatile unsigned int *)0xbfe5c03C)


// 下面是函数声明
// 与中断有关的函数
//GPIO 引脚外部中断
void INIT_set(int num, int up_down, void (*handler)(int, void *));
void handler_pause_up1();              // 第一路脉冲信号上升沿中断函数
void handler_pause_down1();            // 第一路脉冲信号下降沿中断函数


// 与串口有关的函数
int UART_init(int com, int parity, int stop, int data, int baud); // 串口初始化函数
int UART_send(int com, unsigned char data_cH);          //1 字节的发送函数
int UART_receive(int com, unsigned char *data_ch);      //1 字节的接收函数
void send_Char_9(int com, unsigned char modbus[]);      //9 字节的发送函数


// 与 GPIO 有关的函数
void GPIO_set_int(int num, int in_out);       // 单个 GPIO 引脚的初始化


// 被控对象的相关函数
void Axie_all_run(struct AXIE axies_6[],int axie_num);      // 所有轴联动


// 其他函数
void delay(int n,int m,int p);


//----------------------------------------------------------------
// 主程序，无操作系统环境下的程序
//----------------------------------------------------------------
int main(void)
{
    int axie_num;                    // 轴的个数（如 6 轴机械臂时其值为 6）
    unsigned char rese_DATA;         // 串口接收的字符
    unsigned int temp,temp1;         // 临时变量，用于暂存数据
    // 串口 COM3 初始化，波特率为 115200bit/s
    UART_init(3, 0, 0, 3, 115200);                  // 串口 COM3 与被控对象通信
    // 串口 COM5 初始化，波特率为 115200 bit/s
    UART_init(5, 0, 0, 3, 115200);                  // 串口 COM5 与上位机通信

    //GPIO 初始化，此处 GPIO 作为模式信号（设计时只介绍了一路模式信号）
```

```
GPIO_set_int(2, 1);                      // 初始化 GPIO02 引脚
GPIO_set_int(3, 1);                      // 初始化 GPIO03 引脚

// 初始化中断，这些中断用于采集脉冲信号的脉冲宽度（只介绍了其中一路，其他路省略）
// 初始化 GPIO51（轴 1 的脉冲信号）上升沿有效并开中断
INIT_set(51, 1, handler_pause_up1);
// 初始化 GPIO49（轴 1 的脉冲信号）下降沿有效并开中断
INIT_set(49, 0, handler_pause_down1);
......                                    // 此处省略了对其他轴对应的中断初始化

// 初始化机械臂各轴均不动，即各轴速度值为 0
for(axie_num=1;axie_num<=6;axie_num++){
    axies_6[axie_num].speed = 0;
}
axie_num=6;                              // 赋初值，机械臂的个数

// 裸机状态，主循环
for (;;)
{
    // 首先读取模式拨码开关信息，判断相应的工作模式
    // 模式信息是通过 GPIO02 和 GPIO03 来读入的（前面设计时只介绍了一个模式输入）

    temp=GPIOIN0;
    temp1=temp&0x0000000c;               // 读取模式信息
    switch(temp1){
        case 0x00000000:
            // 远程控制模式，即通过 COM5 接收上位机的信息，再通过 COM3 转换给被控对象
            UART_receive(5, &rese_DATA);         //COM5 的接收
            UART_send(3, rese_DATA);             //COM3 转发
            break;
        case 0x00000004:
            // 本地控制模式
            temp=GPIOIN1;                        // 读 6 路方向（开关量）信号
            // 先判断各轴是否是转动的信号
            // 通过该路对应的脉冲信号上升沿 / 下降沿设置的脉冲宽度分级参数来判断
            if(axies_6[1].speed != 0){           // 第 1 轴需要转动否
                temp1=temp&0x00000400;           // 获取第 1 轴转动方向信息
                if (temp1==0x00000400){
```

```
                    axies_6[1].direction = 1;   // 第 1 轴顺时针转动
            }
            else {
                    axies_6[1].direction = 0;   // 第 1 轴逆时针转动
            }
    }
    // 通过该路对应的脉冲信号上升沿 / 下降沿设置的脉冲宽度分级参数来判断
    if(axies_6[2].speed != 0){              // 第 2 轴需要转动否
            temp1=temp&0x00000800;          // 获取第 2 轴转动方向信息
            if (temp1==0x00000800){
                    axies_6[2].direction = 1;   // 第 2 轴顺时针转动
            }
            else {
                    axies_6[2].direction = 0;   // 第 2 轴逆时针转动
            }
    }
    // 通过该路对应的脉冲信号上升沿 / 下降沿设置的脉冲宽度分级参数来判断
    if(axies_6[3].speed != 0){              // 第 3 轴需要转动否
            temp1=temp&0x00001000;   // 获取第 3 轴转动方向信息
            if (temp1==0x00001000){
                    axies_6[3].direction = 1;   // 第 3 轴顺时针转动
            }
            else {
                    axies_6[3].direction = 0;   // 第 3 轴逆时针转动
            }
    }
    // 通过该路对应的脉冲信号上升沿 / 下降沿设置的脉冲宽度分级参数来判断
    if(axies_6[4].speed != 0){          // 第 4 轴需要转动否
            temp1=temp&0x00002000;      // 获取第 4 轴转动方向信息
            if (temp1==0x00002000){
                    axies_6[4].direction = 1;   // 第 4 轴顺时针转动
            }
            else {
                    axies_6[4].direction = 0;   // 第 4 轴逆时针转动
            }
    }
    // 通过该路对应的脉冲信号上升沿 / 下降沿设置的脉冲宽度分级参数来判断
    if(axies_6[5].speed != 0){      // 第 5 轴需要转动否
```

```
                        temp1=temp&0x00004000;     // 获取第 5 轴转动方向信息
                        if (temp1==0x00004000){
                                axies_6[5].direction = 1;   // 第 5 轴顺时针转动
                        }
                        else {
                                axies_6[5].direction = 0;   // 第 5 轴逆时针转动
                        }
                    }
                    // 通过该路对应的脉冲信号上升沿 / 下降沿设置的脉冲宽度分级参数来判断
                    if(axies_6[6].speed != 0){          // 第 6 轴需要转动否
                        temp1=temp&0x00008000;          // 获取第 6 轴转动方向信息
                        if (temp1==0x00008000){
                                axies_6[6].direction = 1; // 第 6 轴顺时针转动
                        }
                        else {
                                axies_6[6].direction = 0;   // 第 6 轴逆时针转动
                        }
                    }
                    // 判断各轴速度值是否均为 0，若不是则发控制命令
                    if((axies_6[1].speed != 0)|(axies_6[2].speed != 0)|
                       (axies_6[3].speed != 0)|(axies_6[4].speed != 0)|
                       (axies_6[5].speed != 0)|(axies_6[6].speed != 0)){
                        Axie_all_run(axies_6,axie_num);
                    }
                    ......                   // 此处省略了一些其他机械臂控制命令的转发
                    break;
                case 0x00000008:
                    // 第 3 种工作模式，由于前面设计时未做介绍，此处省略了相应语句
                    ......
                    break;
                case 0x0000000c:
                    // 第 4 种工作模式，由于前面设计时未做介绍，此处省略了相应语句
                    ......
                    break;
            }
        }

    return 0;
```

```
}

// 多轴转动函数
// 参数 axies_6[] 是机械臂轴结构体的数组，axie_num 表示轴的个数
void Axie_all_run(struct AXIE axies_6[],int axie_num)
{
    unsigned char modbus_com[9];
    int i;
    modbus_com[0]='#';                          // 协议的起始符
    modbus_com[1]='1';                          //ID
    modbus_com[2]='0';
    modbus_com[3]='0';
    modbus_com[4]='0';
    modbus_com[5]='0';
    modbus_com[6]='0';
    modbus_com[7]='0';
    modbus_com[8]='0';
    for(i=1;i<=axie_num;i++){
    if (axies_6[i].direction==0){
        switch(axies_6[i].speed){
            case 1:
                modbus_com[i+1]='1';
                break;
            case 2:
                modbus_com[i+1]='2';
                break;
            case 3:
                modbus_com[i+1]='3';
                break;
            case 4:
                modbus_com[i+1]='4';
                break;
        }
    }
    else
    {
        switch(axies_6[i].speed){
            case 1:
```

```
                            modbus_com[i+1]='5';
                            break;
                  case 2:
                            modbus_com[i+1]='6';
                            break;
                  case 3:
                            modbus_com[i+1]='7';
                            break;
                  case 4:
                            modbus_com[i+1]='8';
                            break;
            }
      }
      }
      send_Char_9(3,modbus_com);                        // 通过串口 COM3 发送被控对象的命令
}


//9 字节的串口发送函数
// 参数的含义: com 表示串口号; modbus[] 是要发送的字符数组, 数组元素共 9 个
void send_Char_9(int com, unsigned char modbus[])
{
      int i;
      char data_ch;
      for(i=0;i<9;i++){
            data_ch=modbus[i];
            UART_send(com,data_ch);
            delay(100,50,10);
      }
}
//RS-232 串口发送函数
// 参数的含义: com 表示串口号, data_ch 表示要发送的字符
int UART_send(int com, unsigned char data_ch)
{
    switch(com){
     case 1:
            ......                                      // 省略
            break;
     case 2:
```

```
                ......                          // 省略
                break;
        case 3:
                while((LSR3 & 0x20) != 0x20);
                send3(data_ch);                 // 发送
                break;
        case 5:
                while((LSR5 & 0x20) != 0x20);
                send5(data_ch);                 // 发送
                break;
        }
        return 0;
}
```

//RS-232 串口接收函数
// 参数的含义: com 表示串口号, *data_ch 表示要接收字符的指针

```
int UART_receive(int com, unsigned char *data_ch)
{
    switch(com){
    case 1:
                ......                          // 省略
                break;
    case 2:
                ......                          // 省略
                break;
    case 3:
                while((LSR3 & 0x01) != 0x01);
                *data_ch=DATA3;                 // 接收
                break;
    case 5:
                while((LSR5 & 0x01) != 0x01);
                *data_ch=DATA5;                 // 接收
                break;
    }
    return 0;
}
```

//RS-232 的初始化函数

```
// 参数：com 是串口号，parity 是奇偶校验位，stop 是停止位，data 是数据位，baud 是波特率
int UART_init(int com, int parity, int stop, int data, int baud)
{
    unsigned int divisor;
    switch(com){
     case 1:
            ......                       // 省略
            break;
     case 2:
            ......                       // 省略
            break;
     case 3:                             //COM3 的初始设置
            // 设置引脚 GPIO56、GPIO57 为 UART3_RX、UART3_TX 功能
            GPIOCFG1 |= 0x03000000;
            // 设置 GPIO56（UART3_RX）为输入、GPIO57（UART3_TX）为输出
            GPIOOE1 = (GPIOOE1 & 0xfdffffff) | 0x01000000;
            IER3 = 0x00;            // 禁止中断
            FIFO3 = 0x00;           //FIFO 不使能
            MODEM3 = 0x00;
            // 设置奇偶校验位、停止位、数据位等
            LCR3 = (1 << 7) | (parity << 3) | (stop << 2) | (data);
            // 设置波特率
            bus_clk = LS1x_BUS_FREQUENCY(CPU_XTAL_FREQUENCY); // 获取总线频率
            divisor = bus_clk / baud / 16;                    // 计算分频系数
            DIV_LSB3 = (unsigned char)(divisor & 0xff); // 分频系数写入相应的寄存器
            // 分频系数写入相应的寄存器
            DIV_MSB3 = (unsigned char)((divisor >> 8) & 0xff);
            LCR3 &= 0x7f;               // 访问正常寄存器模式
            break;
        case 5:                          //COM5 的初始设置
            // 设置引脚 GPIO60、GPIO61 为 UART5_RX、UART5_TX 功能
            GPIOCFG1 |= 0x30000000;
            // 设置 GPIO60（UART5_RX）为输入、GPIO61（UART5_TX）为输出
            GPIOOE1 = (GPIOOE1 & 0xdfffffff) | 0x10000000;
            IER5 = 0x00;            // 禁止中断
            FIFO5 = 0x00;           //FIFO 不使能
            MODEM5 = 0x00;
            // 设置奇偶校验位、停止位、数据位等
```

```
            LCR5 = (1 << 7) | (parity << 3) | (stop << 2) | (data);
            // 设置波特率
            bus_clk = LS1x_BUS_FREQUENCY(CPU_XTAL_FREQUENCY);
            divisor = bus_clk / baud / 16;
            DIV_LSB5 = (unsigned char)(divisor & 0xff);
            DIV_MSB5 = (unsigned char)((divisor >> 8) & 0xff);
            LCR5 &= 0x7f;
            break;
    }
    return 0;
}


// 单个 GPIO 引脚初始化函数, 该 GPIO 引脚被初始化为普通 GPIO 功能 ( 即开关量的输入 / 输出 )
/* 参数的含义: num 代表 GPIO 引脚序号, 0~30 对应 GPIO00~GPIO30,
              32~61 对应 GPIO32~GPIO61; in_out 代表输入、输出, 其值对应为 1、0
*/
void GPIO_set_int(int num, int in_out)
{
    if((num >= 0) && (num <= 30)){
        GPIOCFG0 |= (1 << num);
        if(in_out == 0)
        {
            GPIOOE0 &= ~(1 << num);
        }
        else if(in_out==1)
        {
            GPIOOE0 |= (1 << num);
        }
    }
    else if((num >= 32) && (num <= 61)){
        GPIOCFG1 |= (1 << (num-32));
        if(in_out == 0)
        {
            GPIOOE1 &= ~(1 << (num-32));
        }
        else if(in_out==1)
        {
            GPIOOE1 |= (1 << (num-32));
```

```
        }

    }
}


// 外部中断初始化函数（对应某个 GPIO 中断的初始化）
/* 参数的含义：num 代表 GPIO 引脚序号，0~30 对应 GPIO00~GPIO30,
            32~61 对应 GPIO32~GPIO61;
            up_down 代表高电平、低电平或上升沿、下降沿，值对应为 1、0;
            *handler 代表中断服务函数的句柄
*/
void INIT_set(int num, int up_down, void (*handler)(int, void *))
{
    if((num >= 0)&& (num <= 30)){
        ls1x_install_irq_handler(104 + num, handler, (void*)(num));
        GPIOCFG0 |= (1 << num);
        GPIOOE0 |= (1 << num);
        INTIEN2 &= ~(1 << num);
        INTCLR2 |= (1 << num);
        INTEDGE2 |= (1 << num);
        if(up_down)
        {
            INTPOL2 |= (1 << num);
        }
        else
        {
            INTPOL2 &= ~(1 << num);
        }
        INTIEN2 |= (1 << num);
}
    else if((num >= 32) && (num <= 61)){
        ls1x_install_irq_handler(104 + num, handler, (void*)(num));
        num = num-32;
        GPIOCFG1 |= (1 << num);
        GPIOOE1 |= (1 << num);
        INTIEN3 &= ~(1 << num);
        INTCLR3 |= (1 << num);
        INTEDGE3 |= (1 << num);
```

```
        if(up_down)
        {
            INTPOL3 |= (1 << num);
        }
        else
        {
            INTPOL3 &= ~(1 << num);
        }
        INTIEN3 |= (1 << num);
    }
}


// 脉冲 1（轴 1）上升沿的中断服务函数
void handler_pause_up1()
{
    // 上升沿中断后启动 PWM0 工作
    CNTRPWM0 = 0x01;                    // 设置 CNTR 计数器初值
    CTRLPWM0 = 0x01;                    // 启动 PWM0 工作
    return;
}


// 脉冲 1（轴 1）下降沿的中断服务函数
void handler_pause_down1()
{
    unsigned int temp=0;
    // 下降沿中断后停止 PWM0 工作，读取计数值，根据计数值来确定轴 1 的转速
    CTRLPWM0 = 0x00;                    // 停止 PWM0 工作
    temp=CNTRPWM0;                      // 读取计数值
    CTRLPWM0 = 0x80;                    // 清计数值
    // 下面根据计数值来确定机械臂轴转动的速度
    if((temp >= 800) && (temp < 1000)){
        axies_6[1].speed = 1;
    }
    else if((temp >= 600) && (temp < 800)){
        axies_6[1].speed = 2;
    }
    else if((temp >= 300) && (temp < 600)){
        axies_6[1].speed = 3;
```

```
    }
    else if((temp > 100) && (temp < 300)){
        axies_6[1].speed = 4;
    }
    return;
}


// 延时函数
void delay(int n,int m,int p)
{
    int i,j,k;
    for(i=1;i<=n;i++){
        for(j=1;j<=m;j++){
            for(k=1;k<=p;k++){

            }
        }
    }
}
```

7.4.2 测试及调试

软件构件的测试与调试既有联系又有区别。测试的目的是验证系统及其构件的功能和性能是否达到设计要求，发现功能及性能上的不足。调试的任务是分析测试中发现的不足，检查引起这些不足的原因，定位故障（错误）位置，采取适当的措施修改软件设计或硬件设计，然后返回重新进行测试。

在完成了系统构件的集成后，就可以得到一个能实际运行的系统。然后需要反复地对系统进行测试，以便修正构件设计中的错误，最后把所有的软件构件调试正确。在开发嵌入式系统时，要想准确地定位软件和硬件中出现的错误是非常困难的，必须借助多种软件和硬件调试工具，而且设计者的专业知识和经验将在此过程中起很大的作用。遵循下面的调试规则，将有助于设计者对嵌入式系统进行测试和调试。

（1）在系统构件集成前，先制订一个好的系统集成与测试计划。

（2）确保用正确的软件构件去测试硬件，用正确的硬件去测试软件构件。

（3）分步、按阶段地对软件构件进行集成，并分步进行测试和调试。

（4）当整个系统集成完成后，需要高负荷、长时间地运行系统来进行测试和调试，这样才会发现复杂的或者含混的系统错误。

附录

UML 元素、关系、符号和图

A.1　UML 元素

UML（Unified Modeling Language，统一建模语言）中的元素可分为结构元素、行为元素、分组元素和注释元素。

（1）结构元素是 UML 中主要的静态部分，代表了概念的或物理的元素。在 UML 中，共有 7 种结构元素：类（Class）、接口（Interface）、协作（Collaboration）、用例（Use Case）、活动类（Active Class）、组件（Component）和节点（Node）。

（2）行为元素是 UML 中的动态部分，有两种主要的行为元素：交互作用（Interaction）和状态机（State Machine）。

（3）分组元素是用来组织元素的元素，主要的分组元素是包（Package）。

（4）注释元素是用于描述、注释模型中的元素。

A.2　UML 关系

UML 中有 4 种重要的关系：依赖（Dependency）关系、类属（Generalization）关系、关联（Association）关系和实现（Realization）关系。

（1）依赖关系，如果一个模型元素的变化会影响另一个模型元素（这种影响不必是可逆的），那么在两个模型元素之间就存在依赖关系。依赖关系的符号是带箭头的虚线，如图 A-1 所示。

（2）类属关系用于表示子类继承一个或多个父类的结构和行为。类属关系用带空心箭头的实线表示，箭头指向父元素，如图 A-2 所示。

（3）关联关系是一种结构关系，表示两个类之间存在的某种语义上的关系。关联关系的符号是一条实线，如图 A-3 所示。

图 A-1　依赖关系 　　　　　图 A-2　类属关系 　　　　　图 A-3　关联关系

聚合关系是一种特殊的关联关系，用图 A-4 所示的符号表示。

图 A-4　聚合关系

（4）实现关系是分类器之间的语义关系，其符号如图 A-5 所示。

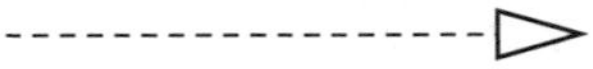

图 A-5　实现关系

A.3　UML 符号

UML 中有 6 种符号，分别介绍如下。

（1）注释（Note）符号如图 A-6 所示。

（2）参与者（Actor）代表与系统交互的人、硬件设备或另一个系统，其符号如图 A-7 所示。

（3）用例（Use Case）规定了系统或部分系统的行为，它描述了系统所执行的动作序列集，并为执行者产生一个可供观察的结果。用例符号如图 A-8 所示。

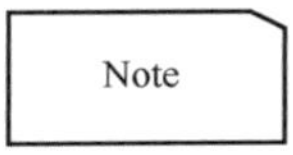

图 A-6　注释　　　　　图 A-7　参与者　　　　　图 A-8　用例

（4）类（Class）的 UML 符号如图 A-9 所示。类的 UML 符号是划分成 3 个格子的长方形（下面的两个格子可以省略），顶部的格子放类名（Class Name），中间的格子放类的属性（Attribute）、属性的类型（Attribute Type）和值 [即在 UML 符号表示中给出初始值（initial Value）]，底部的格子放操作（Operation）、操作的参数表（arg：Attribute Type）和返回类型 (Return Type)。

（5）对象（Object）是类的实例，其 UML 符号与类的符号类似，只是名字底下加下画线，如图 A-10 所示。

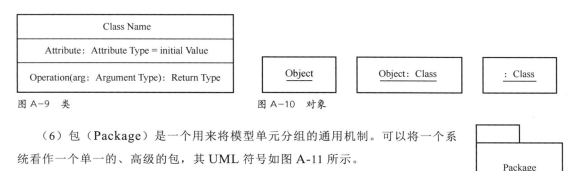

图 A-9　类

图 A-10　对象

（6）包（Package）是一个用来将模型单元分组的通用机制。可以将一个系统看作一个单一的、高级的包，其 UML 符号如图 A-11 所示。

图 A-11　包

A.4　UML 的图

UML 总共提供 9 种图，这些图从不同应用层面和不同角度为系统从分析、设计到实现提供了支持。不同阶段应建立不同的图，建立图的目的也不相同。

（1）类图（Class Diagrams）。类图的组成元素包括类、接口、协作，关系包括依赖、类属、实现或关联关系，如图 A-12 所示。

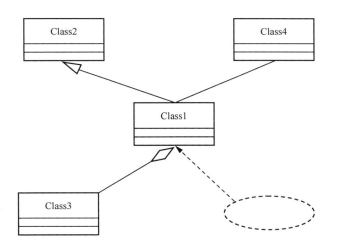

图 A-12　类图

（2）对象图（Object Diagrams）。对象图描述了对象与对象间的关系，与类图相似。对象图中通常包含对象和链接，如图 A-13 所示。

图 A-13　对象图

（3）用例图（Use Case Diagrams）。用例图描述了用例、参与者以及它们之间的关系。它描述了待开发系统的功能需求，其主要元素是用例和参与者，如图 A-14 所示。

图 A-14　用例图

（4）交互作用图（Interaction Diagrams）。时序图和协作图都被称为交互作用图。

时序图强调消息的时间顺序，图形上，时序图是一张表，对象沿着 x 轴排列，消息按时间递增沿着 y 轴排序，如图 A-15 所示。

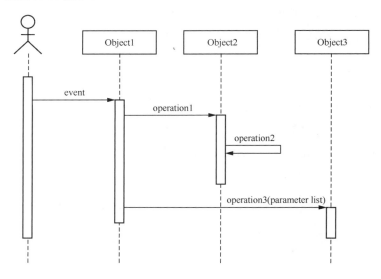

图 A-15　时序图

协作图是强调发送和接收消息对象组织结构的交互作用图，如图 A-16 所示。协作图有两个特点：有路径，有序列号。

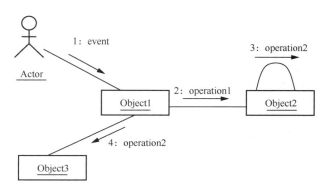

图 A-16　协作图

（5）状态图（Statechart Diagrams）。状态图描述了一个特定对象的所有可能状态（State）以及引起状态迁移的事件（event），如图 A-17 所示。状态图中状态之间带箭头的连线被称为迁移，状态的迁移是由事件触发的，迁移上应标出事件表达式，若迁移上没有标明事件，则表示源状态（Start State）的内部活动执行完毕后自动触发迁移。

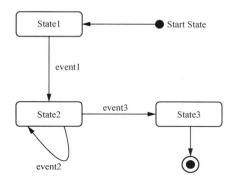

图 A-17　状态图

（6）活动图（Activity Diagrams）。在 UML 中，活动图是一个流图，描述了从活动到活动的流。交互作用图强调从对象到对象的控制流，活动图则强调从活动到活动的控制流，它是一个特殊的状态机。在该状态机中，大部分状态都是活动状态，大部分迁移由源状态活动的完成来触发。图 A-18 是一个典型的活动图，图中含有状态、判定、分叉和联结。当一个状态中的活动完成后，控制自动进入下一个状态。整个活动图起始于起始状态（Start State），终止于结束状态（End State）。

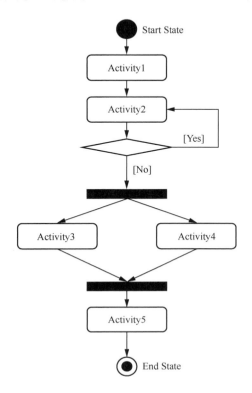

图 A-18　活动图

221

（7）组件图（Component Diagrams）。组件图描述了组件及组件间的关系，表示了组件之间的组织和依赖关系，它是系统的静态实现视图建模。

（8）配置图（Deployment Diagrams）。配置图描述了运行处理节点和位于节点上的软件组件配置。配置图常用来帮助理解嵌入式分布式系统，可以描述节点的拓扑结构和通信路径。